JN323923

わたしから見ると…。

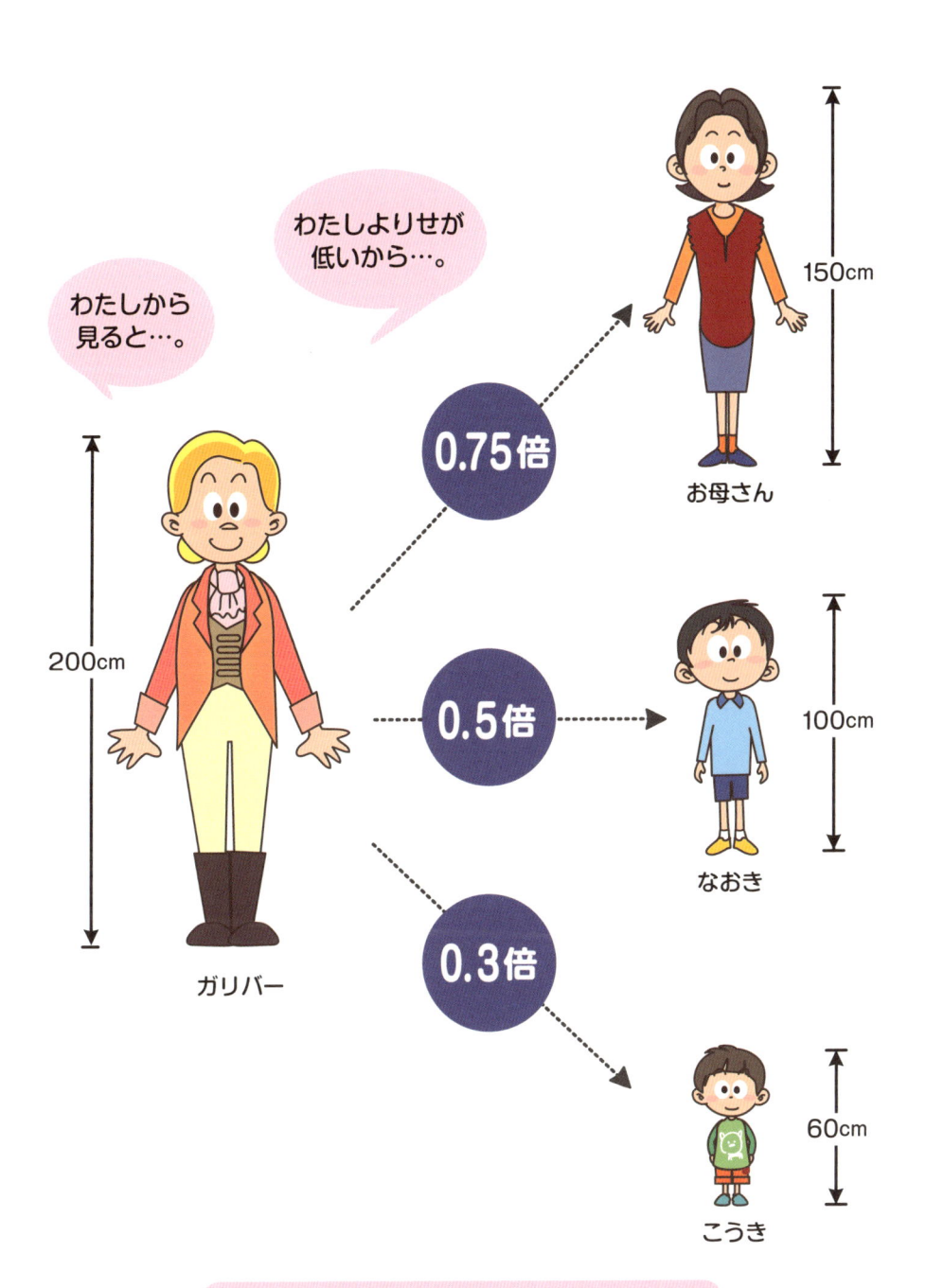

わたしよりせが低いから…。

ガリバー 200cm

お母さん 150cm
0.75倍

なおき 100cm
0.5倍

こうき 60cm
0.3倍

割合とはくらべ方だよ。

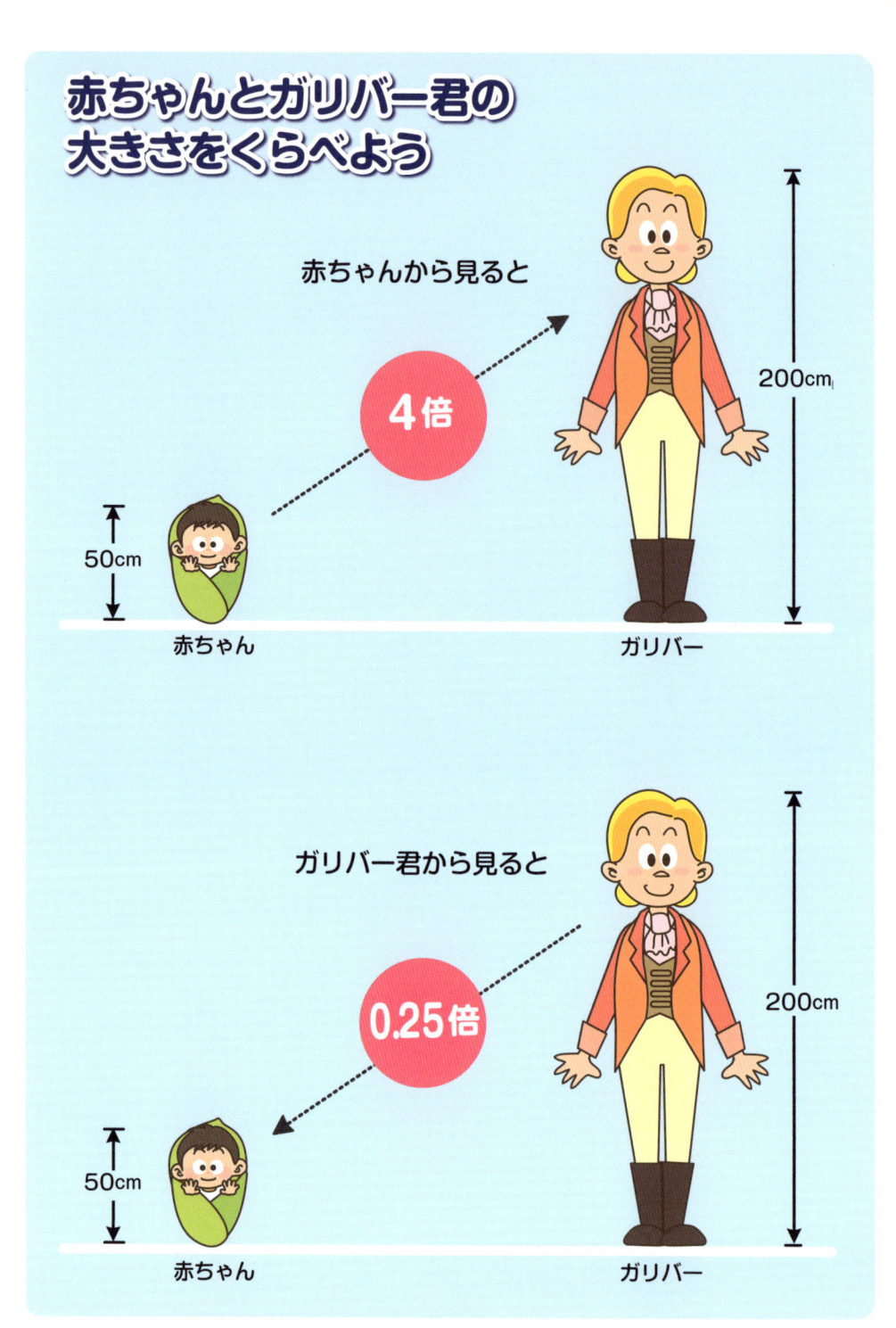

赤ちゃんとガリバー君の大きさをくらべよう

赤ちゃんから見ると

4倍

50cm
赤ちゃん

200cm
ガリバー

ガリバー君から見ると

0.25倍

200cm
ガリバー

50cm
赤ちゃん

10

割合って小さいほうから大きいほうを見るだけでなく，大きいほうから小さいほうを見るというくらべ方もするんだね。

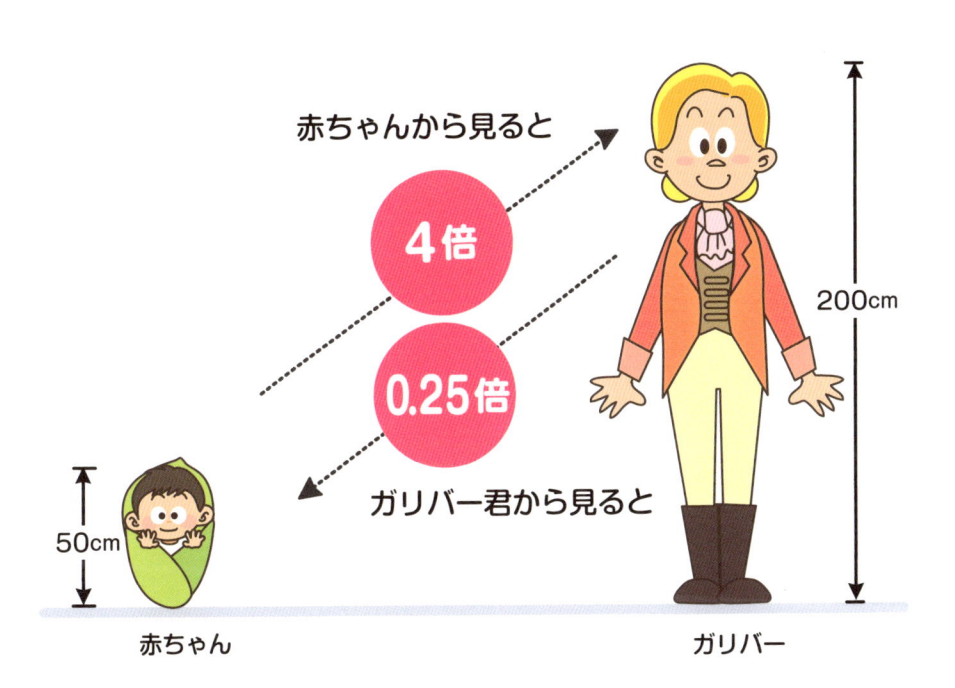

赤ちゃんから見ると
4倍
0.25倍
ガリバー君から見ると

50cm
赤ちゃん

200cm
ガリバー

赤ちゃんから見ると，ガリバー君は4倍，
ガリバー君から見ると，赤ちゃんは0.25倍。

割合とは，何倍にあたるかを表した数だよ。

1. 割合を求めよう

◎ 割合って何倍かだよね。

赤ちゃんから見ると
なおき君のせの高さは
2倍だね。

赤ちゃんから見ると
ガリバー君のせの高さは
何倍かな？

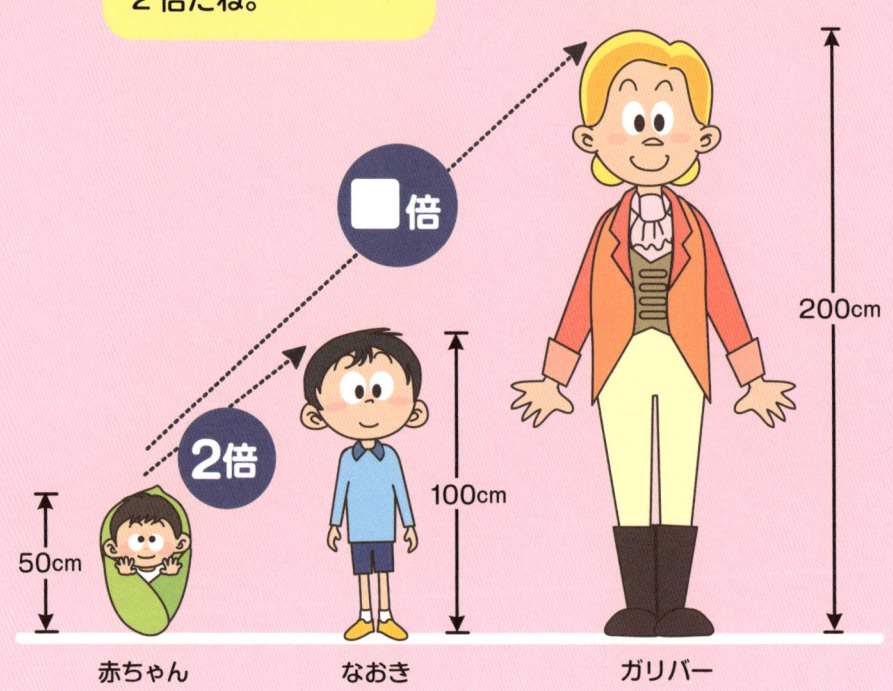

□倍

2倍

50cm　100cm　200cm

赤ちゃん　　なおき　　ガリバー

赤ちゃんから見ると，ガリバー君は

200÷50＝4　で　4倍です。

これは，赤ちゃんをもとにしてガリバー君を
くらべたということです。

このとき，赤ちゃんが もとにする量 で ガリバー君は くらべる量 になります。

今度はなおき君から見てみよう

なおき君から見ると赤ちゃんのせの高さは何倍かな？

なおき君から見るとガリバー君のせの高さは2倍だね。

なおき君をもとにして赤ちゃんをくらべるんだね。

2倍

□倍

50cm 赤ちゃん　くらべる量

100cm なおき　もとにする量

200cm ガリバー

なおき君をもとにすると，赤ちゃんは

$$50 ÷ 100 = 0.5$$ で　0.5倍です。

0.5倍

赤ちゃんはなおき君の半分の大きさです。

今度はガリバー君から見てみよう

ガリバー君をもとにするとなおき君のせの高さと赤ちゃんのせの高さはそれぞれ何倍かな？

ガリバー君から見ると，なおき君は半分くらいで赤ちゃんはそれより小さいよ。

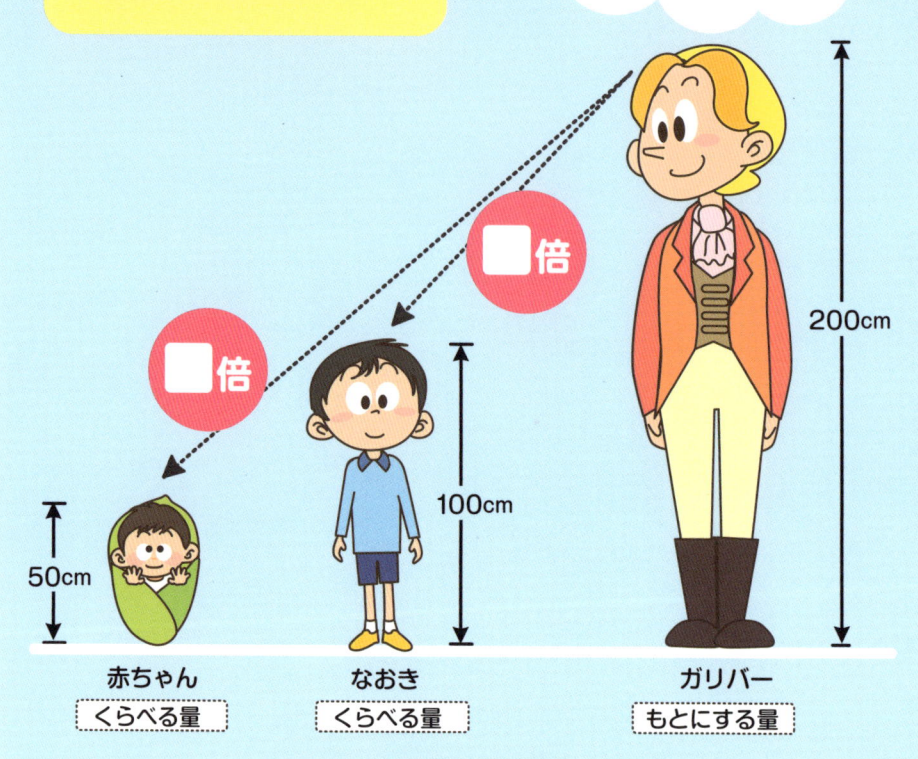

□倍
□倍

200cm
100cm
50cm

赤ちゃん　　なおき　　ガリバー
くらべる量　くらべる量　もとにする量

もとにする量 はガリバー君で，
くらべる量 はなおき君と赤ちゃんだね。

ガリバー君をもとにすると，なおき君は 100÷200＝0.5 で 0.5倍です。
ガリバー君をもとにすると，赤ちゃんは 50÷200＝0.25 で 0.25倍です。

このように くらべる量 ÷ もとにする量 で，割合(何倍)が求められるね。

同じようにやってみよう

★ ☐にはどんな数が入るかな。選んでみよう。

`1.8, 1, 0.6`

なおき君をもとにすると、お父さんのせの高さは☐倍だね。

なおき君をもとにすると、こうき君のせの高さは☐倍だね。

☐倍

☐倍

180cm　100cm　60cm

お父さん　なおき　こうき
くらべる量　もとにする量　くらべる量

ぼくといっしょだったら1倍で、それより大きかったら…。

1倍よりも大きそうだ。

1倍よりも小さそうだ。

答え

なおき君をもとにすると、お父さんのせの高さは
180÷100=1.8　で　1.8倍

なおき君をもとにすると、こうき君のせの高さは
60÷100=0.6　で　0.6倍

割合を求めよう　まとめ

● □ に「もとにする量」,「くらべる量」をあてはめて, 何倍かを求めよう。

150 cm

① こうき君から見ると □倍

② お母さんから見ると □倍

お母さん　こうき

60 cm

① □倍

こうき君は もとにする量 で, お母さんは くらべる量 になります。

〈式〉

_____

＿＿＿ 倍

② □倍

お母さんは □□□□量 で, こうき君は □□□□量 になります。

〈式〉

_____　＿＿＿ 倍

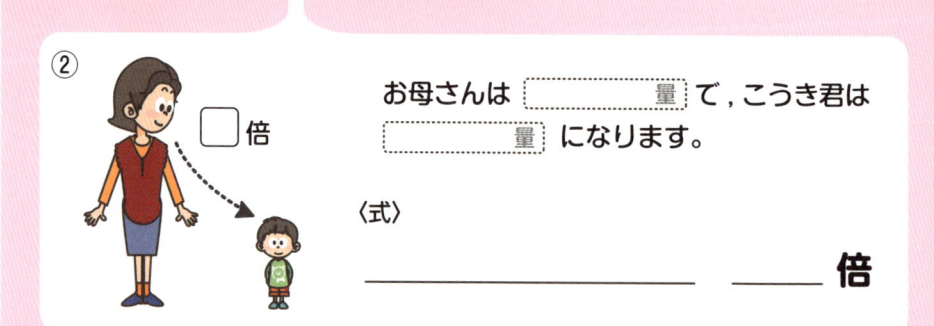

答え
① もとにする量, くらべる量,　150÷60＝2.5,　2.5倍
② もとにする量, くらべる量,　60÷150＝0.4,　0.4倍

みんながこうき君を見ているよ。みんなから見るとこうき君は何倍かな？

① 半分くらい。

〈式〉

＿＿＿＿ 倍

①あやかさんから見ると □ 倍

あやか 120cm

こうき 60cm

②ガリバー君から見ると □ 倍

ガリバー 200cm

かなこ 75cm

③かなこさんから見ると □ 倍

② 半分よりも小さそうだ。

〈式〉

＿＿＿＿ 倍

③ 半分よりも大きそうだ。

〈式〉

＿＿＿＿ 倍

答え
① 60÷120＝0.5，　0.5倍
② 60÷200＝0.3，　0.3倍
③ 60÷75＝0.8，　0.8倍

くらべる量をもとにする量でわると割合（何倍）が求められるね。

いろいろな人とせいくらべをしてきたね。

何倍にあたるかを数で表すと大きさがわかりやすくなったね。

ガリバー君はお兄ちゃんの2倍，お兄ちゃんはガリバー君の0.5倍のせの高さだったね。

2倍
0.5倍

小さいほうから大きいほうをくらべたり，大きいほうから小さいほうをくらべたりできたね。

割合を求めるときは，もとにする量とくらべる量が何かをしっかり考えることが大切だったね。

もとにする量と割合がわかっていたら,くらべる量を求めることもできるのかな。

割合を使って2人のせの高さをくらべると…

ガリバー君のせの高さが200cmで,その0.5倍がなおき君だから,なおき君のせの高さは

200×0.5＝100で,100cmだね。

なおき君のせの高さが100cmで,その2倍がガリバー君だから,ガリバー君のせの高さは

100×2＝200で,200cmだね。

Ⓖ なおき君とこうき君は,鳥の図かんを見ています。

ペンギンの大きさは,スズメの5倍もあるんだね。

スズメは10cmくらいだと思うけれど,それならペンギンは何cmなんだろう。動物園に行って,いろんな鳥の大きさをくらべてみよう！

2. くらべる量を求めよう

スズメから見ると，ニワトリの大きさはスズメの3倍なので10×3＝30で30cmだね。

スズメから見ると，ペンギンの大きさはスズメの5倍です。ペンギンの大きさは何cmかな？

5倍

3倍

10cm
スズメ

30cm
ニワトリ

□cm
ペンギン

スズメをもとにすると，ペンギンの大きさはスズメの5倍なので

10×5＝50　で　50cmです。

これは，スズメをもとにしてペンギンをくらべたということです。

このとき，スズメが もとにする量 で ペンギンは くらべる量 になります。

20

フクロウから見るとタカの大きさはフクロウの1.2倍なので
50×1.2=60で60cmだよ。

フクロウから見るとワシの大きさはフクロウの1.8倍です。ワシの大きさは何cmかな？

フクロウをもとにしてワシをくらべるんだね。

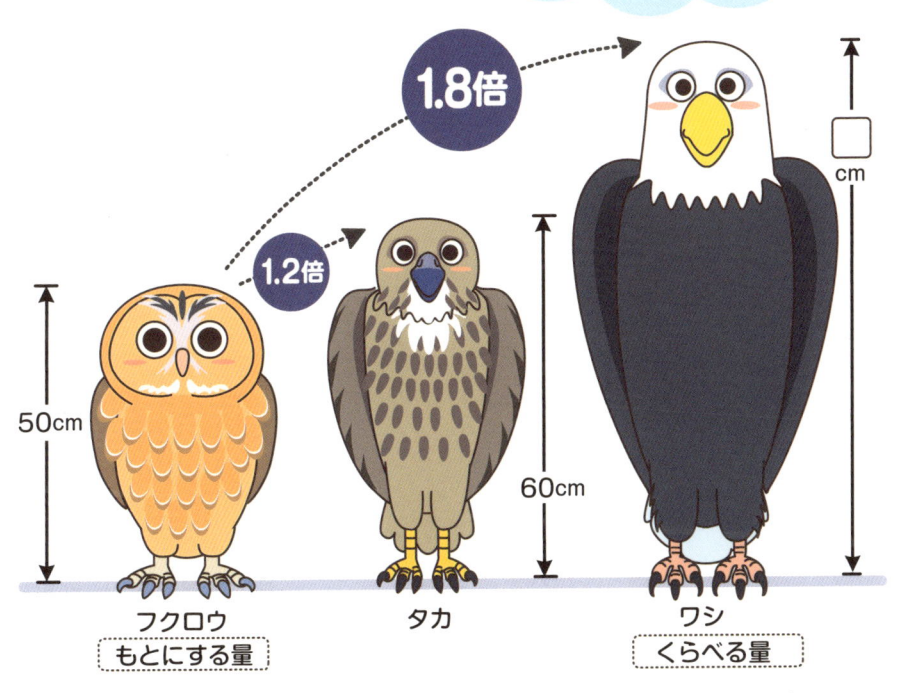

1.8倍

1.2倍

50cm

60cm

☐cm

フクロウ
もとにする量

タカ

ワシ
くらべる量

フクロウをもとにすると，ワシの大きさはフクロウの1.8倍なので

$$50 \times 1.8 = 90$$ で 90cm です。

★ハヤブサとツバメの大きさは何cmかな？

Q どの言葉が入る？
※ □ に「もとにする量」,「くらべる量」をあてはめよう！

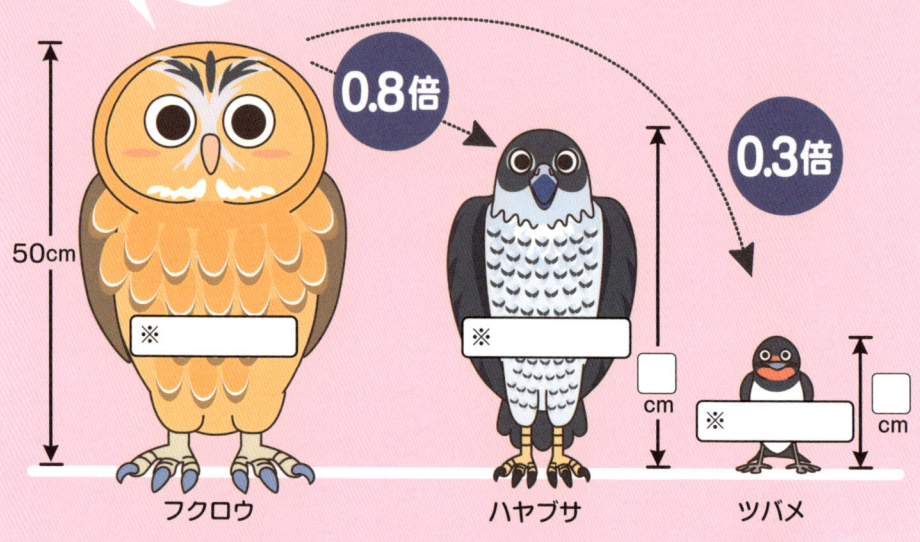

ぼくから見ると,ハヤブサもツバメも小さいね。ツバメはぼくの半分より小さいよ。

0.8倍　0.3倍

50cm

フクロウ　ハヤブサ　ツバメ

フクロウをもとにすると,ハヤブサの大きさはフクロウの0.8倍なので

50×0.8＝40 で **40cm**です。

フクロウをもとにすると,ツバメの大きさはフクロウの0.3倍なので

50×0.3＝15 で **15cm**です。

答え
フクロウ …… ※ もとにする量
ハヤブサ …… ※ くらべる量
ツバメ …… ※ くらべる量

このように もとにする量 × 割合 で,くらべる量 が求められるね。

同じようにやってみよう

★ヒヨコとハトの大きさは何cmかな？

ヒヨコの大きさ
スズメをもとにすると，
ヒヨコはスズメの0.4倍だから
大きさは…

〈式〉＿＿＿＿＿＿＿＿

＿＿＿＿cm

ハトの大きさ
スズメをもとにすると，
ハトはスズメの2.5倍だから
大きさは…

〈式〉＿＿＿＿＿＿＿＿

＿＿＿＿cm

半分（0.5倍）より小さいから，
5cmより小さいね。

2倍より大きいから，
20cmをこえるね。

答え
ヒヨコの大きさ　10×0.4＝4，　4cm
ハトの大きさ　10×2.5＝25，　25cm

23

くらべる量を求めよう　まとめ

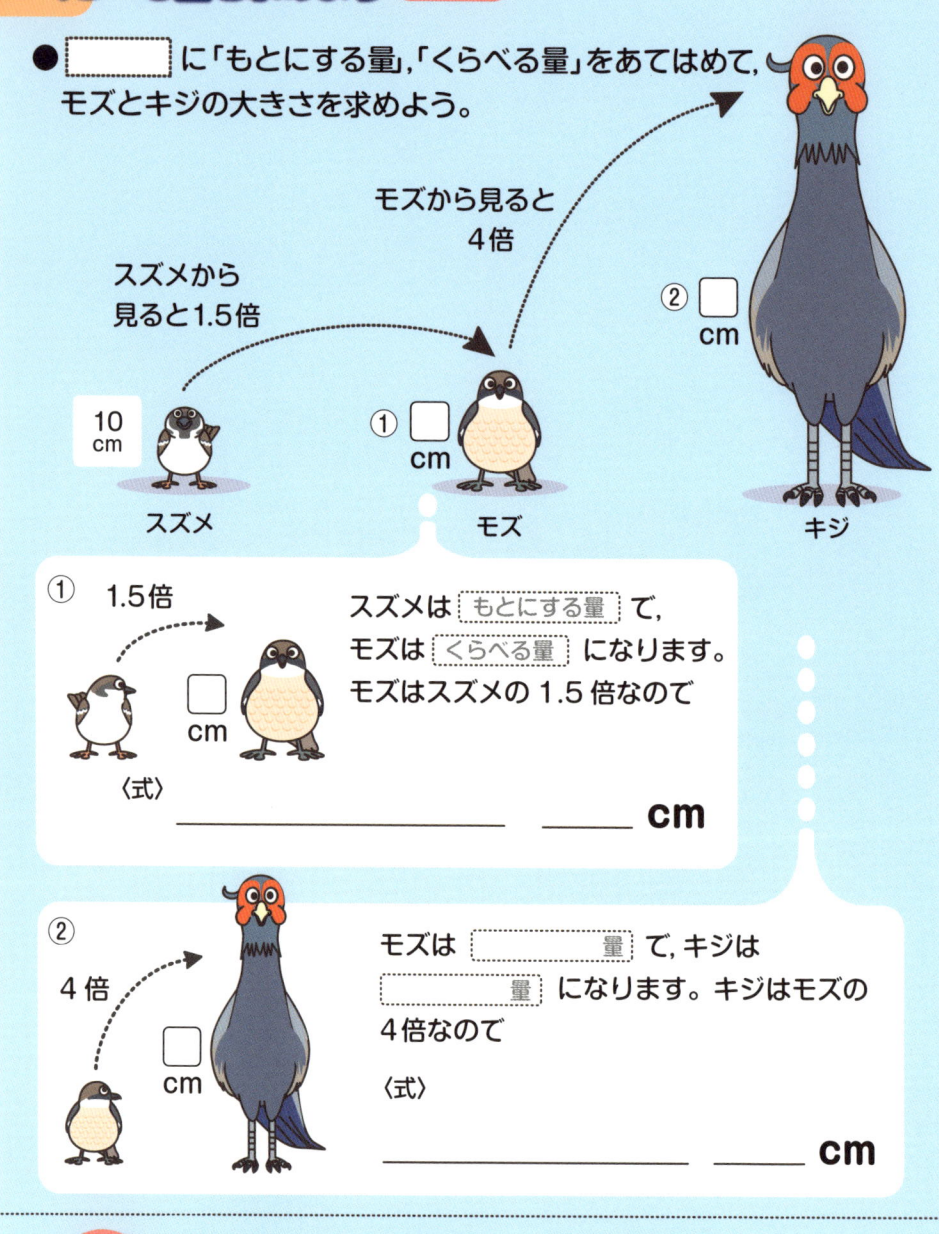

● ☐ に「もとにする量」,「くらべる量」をあてはめて,モズとキジの大きさを求めよう。

スズメから見ると1.5倍
モズから見ると4倍

スズメ　10cm
モズ　① ☐ cm
キジ　② ☐ cm

① 1.5倍　☐ cm

スズメは もとにする量 で,モズは くらべる量 になります。
モズはスズメの1.5倍なので

〈式〉 _____ _____ cm

② 4倍　☐ cm

モズは ☐量 で,キジは ☐量 になります。キジはモズの4倍なので

〈式〉 _____ _____ cm

答え
①もとにする量,くらべる量,　10×1.5=15,　15cm
②もとにする量,くらべる量,　15×4=60,　60cm

24

ペンギンが3羽の鳥を見ているよ。3羽の鳥は何cmかな?

① 半分(0.5倍)より大きいから25cmより大きいはずだね。

〈式〉

_____ ____ cm

① ペンギンから見ると0.6倍

☐ cm ニワトリ

50cm

② ペンギンから見ると1.2倍

☐ cm トビ

ペンギン

③ ペンギンから見ると0.4倍

☐ cm カワセミ

② 1倍より大きいから50cmよりも大きいはずだね。

③ 半分(0.5倍)より小さいから25cmより小さいはずだね。

〈式〉

_____

____ cm

〈式〉

_____

____ cm

答え
① 50×0.6=30, 30cm
② 50×1.2=60, 60cm
③ 50×0.4=20, 20cm

もとにする量に割合(何倍)をかけると,くらべる量が求められるね。

25

3. もとにする量を求めよう

なおき君から見ると、赤ちゃんのせの高さは 0.5 倍で 50cm です。なおき君のせの高さは何 cm かな？

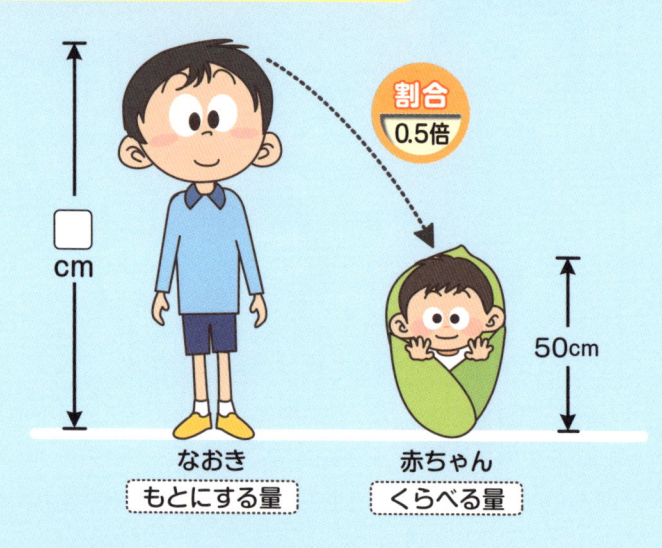

割合
0.5 倍

□ cm

なおき
もとにする量

赤ちゃん
くらべる量

50cm

なおき君のせの高さの 0.5 倍が赤ちゃんのせの高さだから

（なおき君のせの高さ）×0.5＝50 です。

なおき君のせの高さは 50 を 0.5 でわって

50÷0.5＝100 で 100cm です。

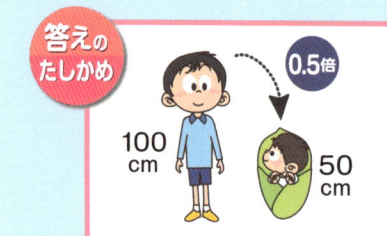

答えのたしかめ

0.5 倍
100cm → 50cm

くらべる量を求めるやり方でたしかめよう。
100cm の 0.5 倍だから 100×0.5＝50 で、赤ちゃんのせの高さになるね。
だから、なおき君のせの高さは 100cm であっているね。

あやかさんから見ると，お父さんのせの高さは1.5倍で180cmです。
あやかさんのせの高さは何cmかな？

Q どの言葉が入る？

※ に「割合」，「もとにする量」，「くらべる量」をあてはめよう！

答え

※割合 1.5倍
※もとにする量
※くらべる量

あやかさんのせの高さの1.5倍が
お父さんのせの高さだから

（あやかさんのせの高さ）×1.5＝180 です。

あやかさんのせの高さは180を1.5でわって

180÷1.5＝120 で 120cm です。

答えのたしかめ

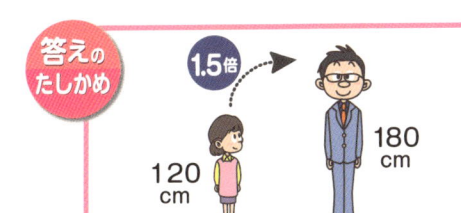

120cmの1.5倍だから
120×1.5＝180で，
あやかさんのせの高さは120cmで
あっているね。

ガリバー君から見ると，こうき君のせの高さは0.3倍で60cmです。
ガリバー君のせの高さは何cmかな？

割合
0.3倍

□ cm

60cm

ガリバー

こうき

ガリバー君のせの高さを□cmとして考えてみよう。

ガリバー君の0.3倍がこうき君だけど，ガリバー君のせの高さがわからないから，ガリバー君のせの高さを□cmとするとこんな式になるね。

$$□ \times 0.3 = 60$$

□を求めるには60を0.3でわればいいね。

$$60 \div 0.3 = 200 \text{ で } 200\text{cm です。}$$

答えのたしかめ

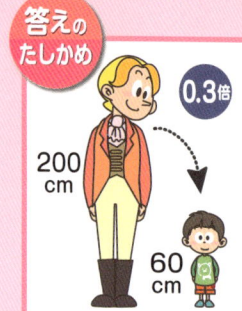

0.3倍

200cm

60cm

200cmの0.3倍だから
200×0.3=60で，
ガリバー君のせの高さは200cmであっているね。

このように
もとにする量 × 割合 ＝ くらべる量
を使って
くらべる量 ÷ 割合 で，
もとにする量が求められるよ。

同じようにやってみよう

★ お母さんのせの高さは何 cm かな？

お母さんから見ると，あやかさんのせの高さは 0.8 倍で 120cm です。

お母さんから見ると，かなこさんのせの高さは 0.5 倍で 75cm です。

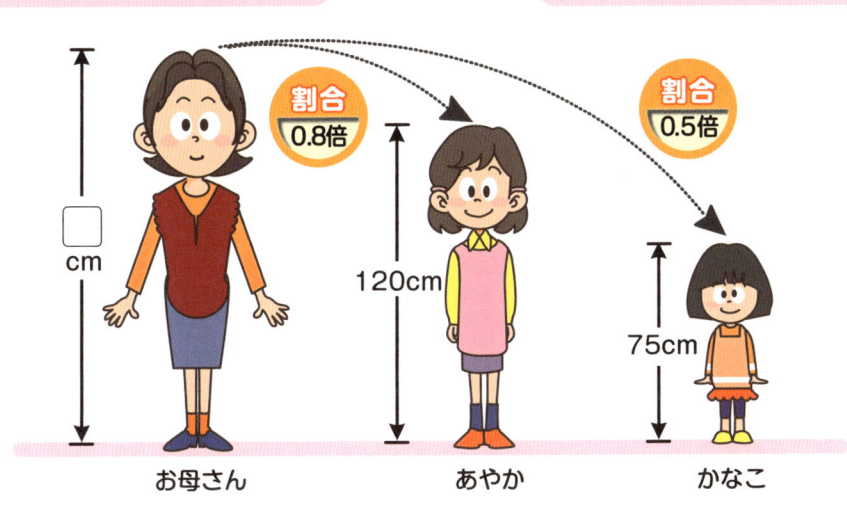

割合 0.8倍
割合 0.5倍

□ cm
120cm
75cm

お母さん　　あやか　　かなこ

あやかさんで考えると
〈式〉
_____
_____ cm

かなこさんで考えると
〈式〉
_____
_____ cm

どちらで考えても同じ答えになるね。

答え

あやかさんで考えると	かなこさんで考えると
（お母さんのせの高さ）×0.8＝120 （□×0.8＝120） 120÷0.8＝150，150cm	（お母さんのせの高さ）×0.5＝75 （□×0.5＝75） 75÷0.5＝150，150cm

もとにする量を求めよう　まとめ

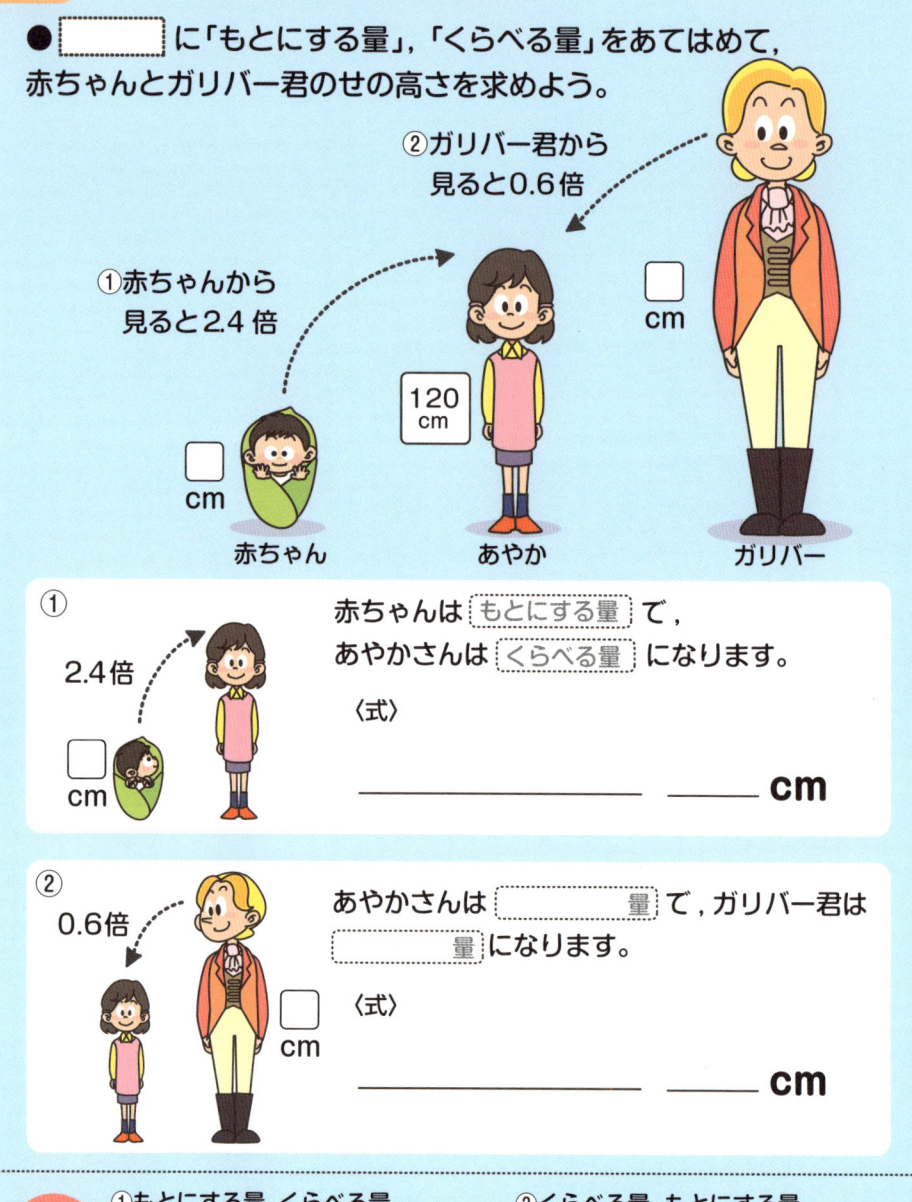

● □に「もとにする量」,「くらべる量」をあてはめて, 赤ちゃんとガリバー君のせの高さを求めよう。

①赤ちゃんから見ると2.4倍
②ガリバー君から見ると0.6倍

赤ちゃん　□cm
あやか　120cm
ガリバー　□cm

①
2.4倍
□cm

赤ちゃんは もとにする量 で,
あやかさんは くらべる量 になります。

〈式〉
_____ ____cm

②
0.6倍
□cm

あやかさんは □□□□量 で, ガリバー君は □□□□量 になります。

〈式〉
_____ ____cm

答え

①もとにする量, くらべる量
（赤ちゃんのせの高さ）×2.4＝120
（□×2.4＝120）
120÷2.4＝50,　50cm

②くらべる量, もとにする量
（ガリバー君のせの高さ）×0.6＝120
（□×0.6＝120）
120÷0.6＝200,　200cm

32

🌀 みんながこうき君を見ているよ。みんなのせの高さは何cmかな？

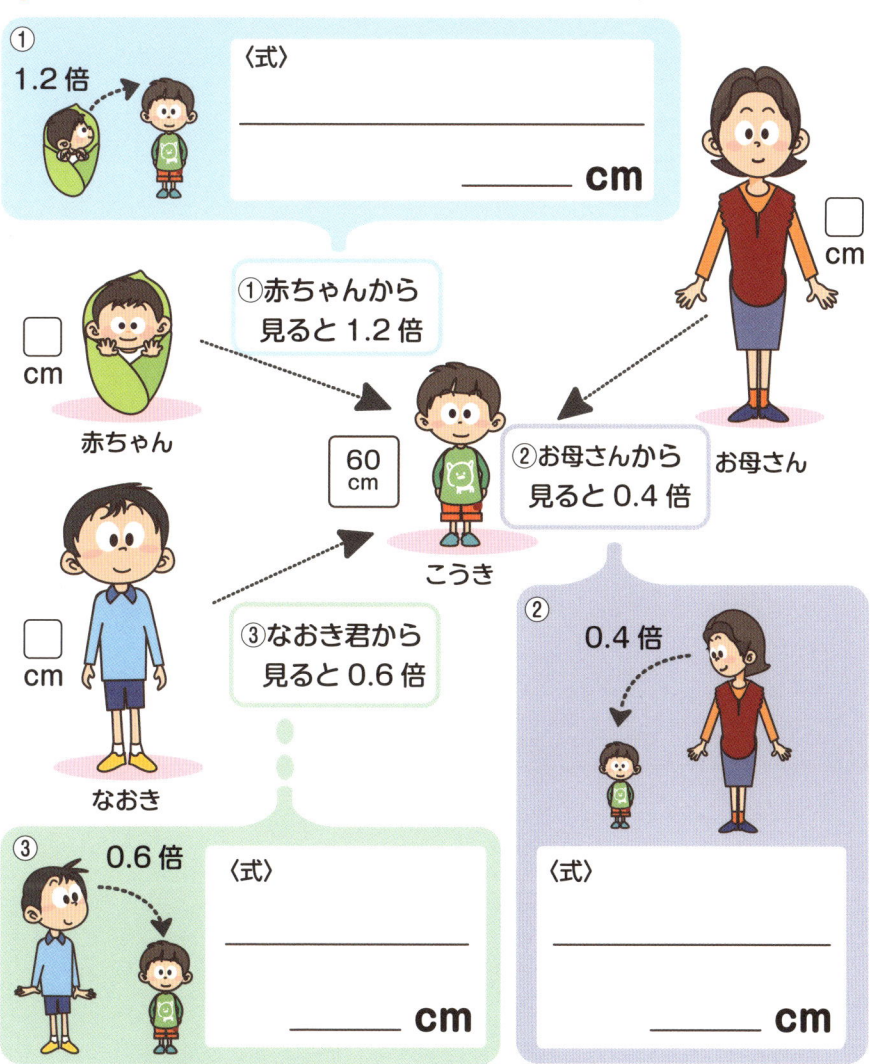

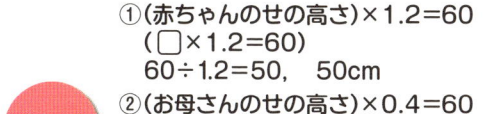

① 1.2倍

〈式〉
_____
_____ cm

① 赤ちゃんから見ると1.2倍

赤ちゃん □cm

なおき □cm

こうき 60cm

② お母さんから見ると0.4倍

お母さん □cm

③ なおき君から見ると0.6倍

③ 0.6倍
〈式〉
_____
_____ cm

② 0.4倍
〈式〉
_____
_____ cm

答え
① （赤ちゃんのせの高さ）×1.2＝60
　（□×1.2＝60）
　60÷1.2＝50，　50cm
② （お母さんのせの高さ）×0.4＝60
　（□×0.4＝60）
　60÷0.4＝150，　150cm
③ （なおき君のせの高さ）×0.6＝60
　（□×0.6＝60）
　60÷0.6＝100，　100cm

もとにする量を求めるときは，
もとにする量 × 割合 ＝ くらべる量
を使って
くらべる量 ÷ 割合 で
求められるね。

これまでに学んだ割合をまとめてみよう！

割合, くらべる量, もとにする量 の求め方をおさらいしよう。

ホップ 割合は求められるかな？
p12にもどってたしかめよう

ガリバー君をもとにして、なおき君をくらべると、
割合は (なおき君)÷(ガリバー君) で求められます。

100÷200＝0.5　　答え　0.5倍

くらべる量 ÷ もとにする量 ＝ 割合

ガリバー：200cm　もとにする量
なおき：100cm　くらべる量
□倍　割合　ここを求めるよ

ステップ くらべる量は求められるかな？
p20にもどってたしかめよう

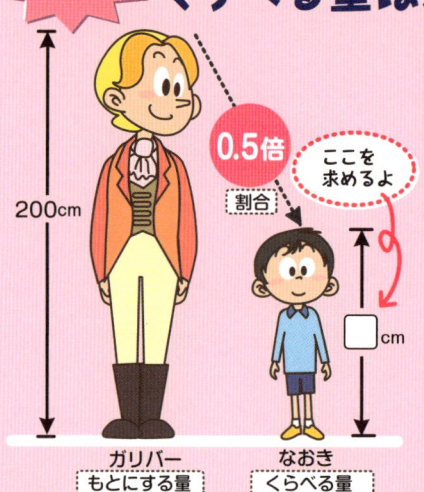

ガリバー君をもとにすると、ガリバー君の0.5倍がなおき君だから、
なおき君のせの高さは
(ガリバー君)×0.5 で求められます。

200×0.5＝100　　答え　100cm

もとにする量 × 割合 ＝ くらべる量

ガリバー：200cm　もとにする量
なおき：□cm　くらべる量
0.5倍　割合　ここを求めるよ

ジャンプ もとにする量は求められるかな？

p28にもどってたしかめよう

ガリバー君をもとにすると，なおき君はガリバー君の0.5倍で100cmだから，
(ガリバー君)×0.5＝100 です。
この式を使って，ガリバー君のせの高さは100÷0.5で求められます。

100÷0.5＝200　　答え　200cm

くらべる量 ÷ 割合 ＝ もとにする量

□cm　ここを求めるよ
0.5倍　割合
100cm
ガリバー　もとにする量
なおき　くらべる量

くらべる量 ÷ もとにする量 ＝ 割合

もとにする量 × 割合 ＝ くらべる量

くらべる量 ÷ 割合 ＝ もとにする量

200cm
0.5倍　割合
100cm
ガリバー　もとにする量
なおき　くらべる量

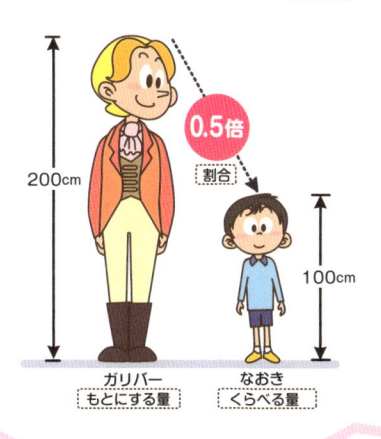

ちがう式に見えるけれど，3つの式は同じ関係を表しているね。

もとにする量をいつも 1 とみると…

くらべる量

なおき君を 1 とすると，同じせだからぼくは 1

ゆうや　100cm

1

もとにする量…1

なおき　100cm

なおき君を 1 とすると，わたしは 1.5

1.5

お母さん　150cm

なおき君を 1 とすると，わたしは 2

2

ガリバー　200cm

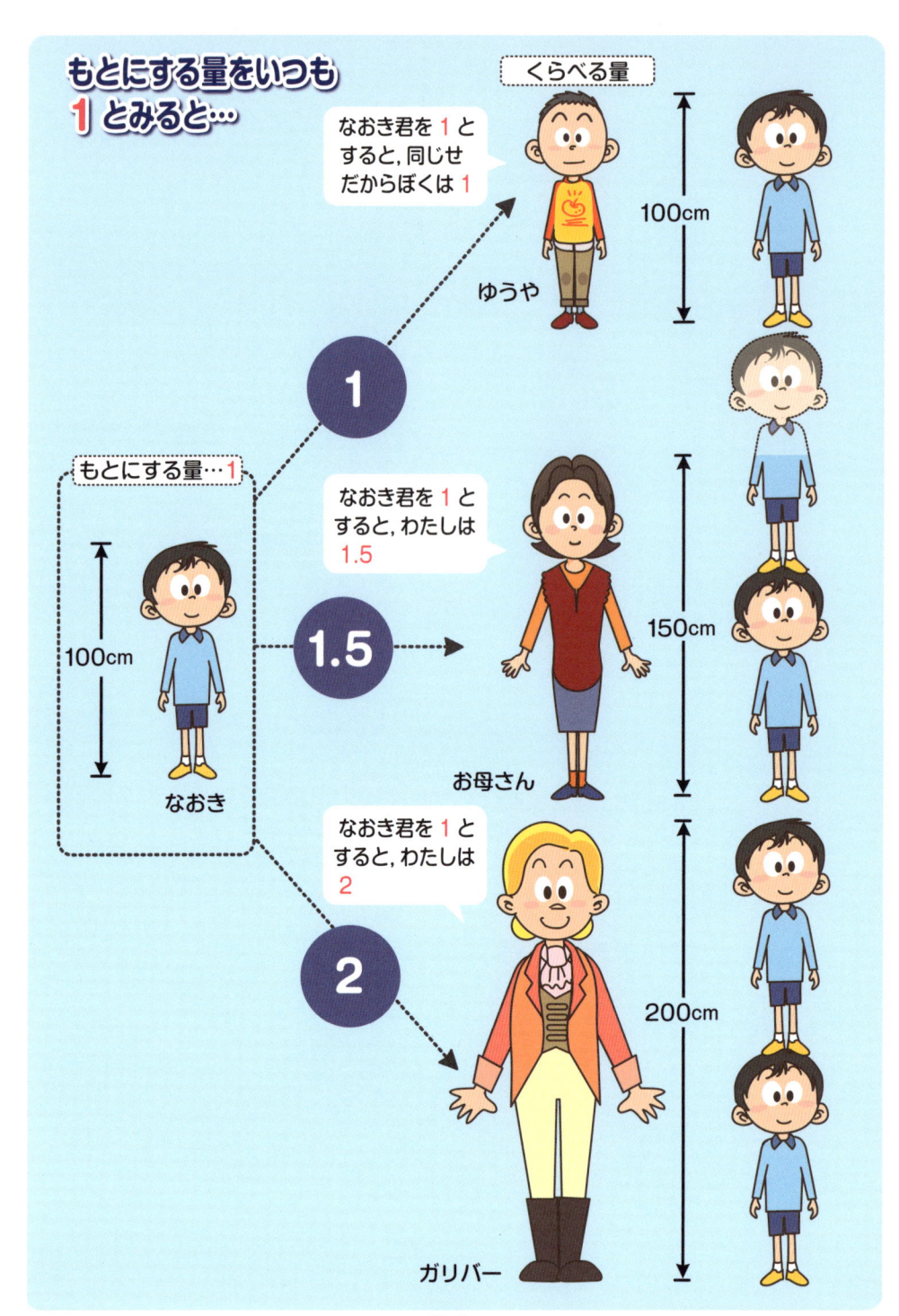

36

くらべる量

もとにする量…1

ガリバー 200cm

ガリバー君を1とすると、わたしは **0.75**

0.75 → お母さん 150cm

ガリバー君を1とすると、ぼくは **0.5**

0.5 → なおき 100cm

ガリバー君を1とすると、ぼくは **0.3**

0.3 → こうき 60cm

割合は、実は もとにする量 を **1** とみて、 くらべる量 が もとにする量 のいくつにあたるかを表した数だよ。

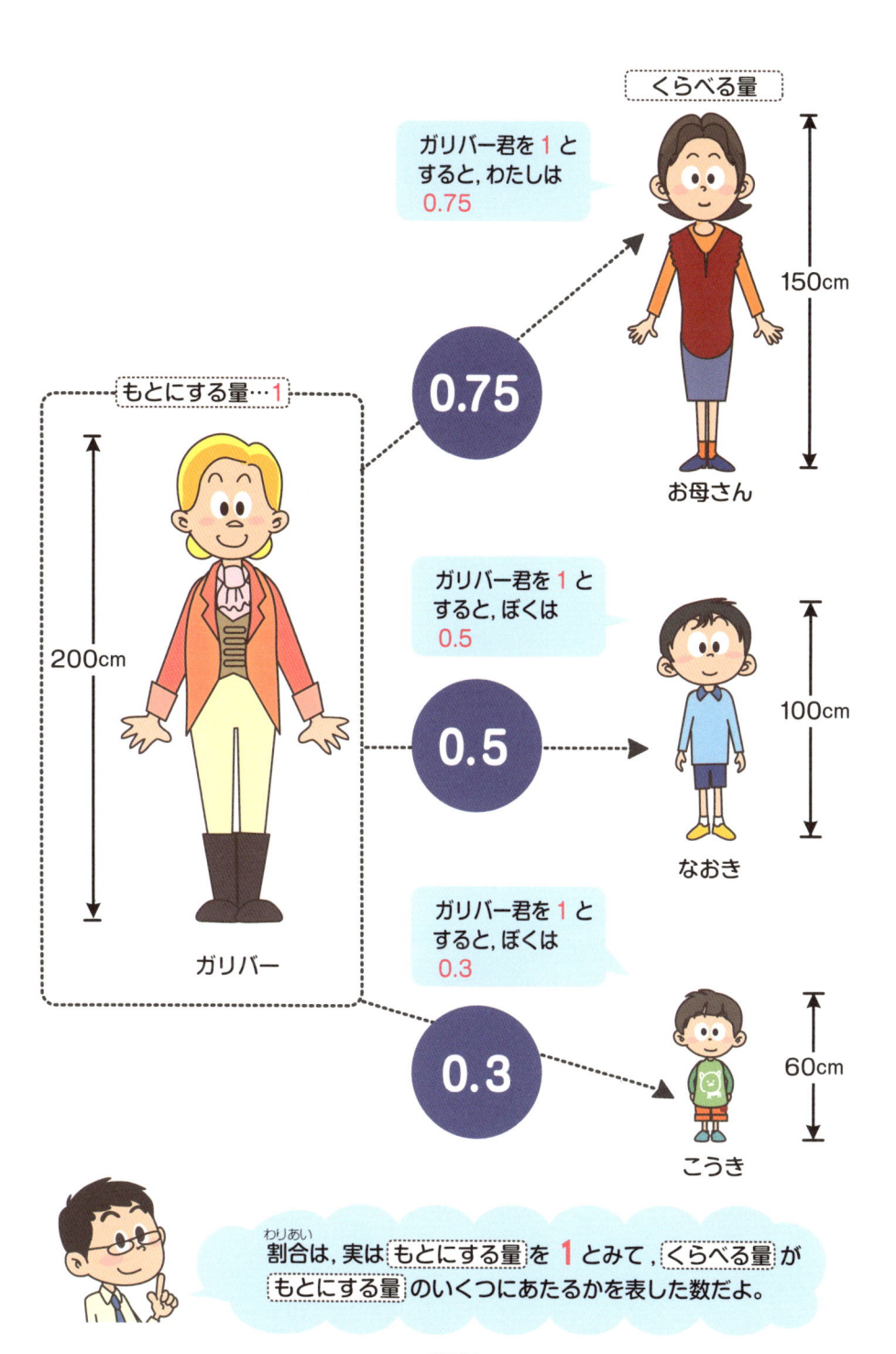

4. 数直線を使って考えてみよう

これまで学習した割合(わりあい)、くらべる量、もとにする量の求め方も見ながら、数直線で考えるとどうなるか見てみよう。

ホップ 「割合」を求める！

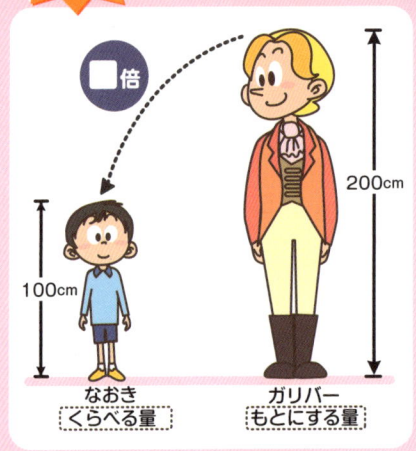

ガリバー君から見てなおき君は何倍かな。

ガリバー君をもとにして、なおき君をくらべると「割合」は
100÷200＝0.5 で
ガリバー君から見て、なおき君は0.5倍だね。

これはガリバー君を 1 とみたとき
なおき君は 0.5
ということだったよ。

くらべる量 ÷ もとにする量 ＝ 割合 だったね。
数直線を使って考えるとどうなるかな。

38

なおき君とガリバー君の関係を数直線で表してみよう

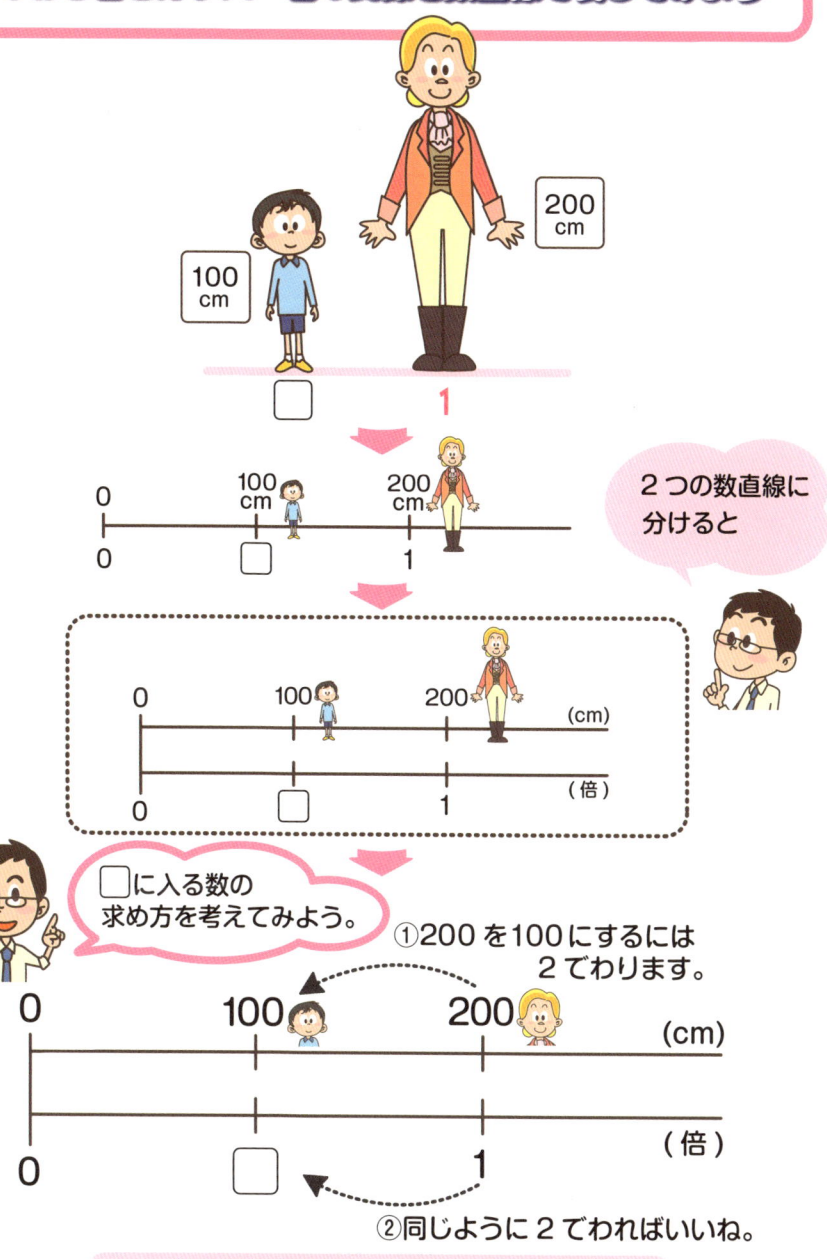

２つの数直線に分けると

□に入る数の求め方を考えてみよう。

①200を100にするには2でわります。

②同じように2でわればいいね。

1÷2=0.5　で　0.5倍

ステップ 「くらべる量」を求める!

なおき君は何cmかな。

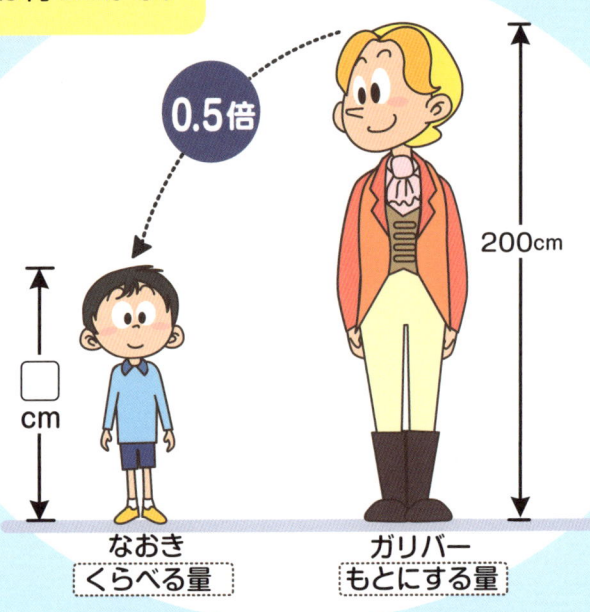

0.5倍

200cm

□cm

なおき
くらべる量

ガリバー
もとにする量

ガリバー君をもとにすると、なおき君のせの高さは0.5倍だから「くらべる量」は
200×0.5＝100 で
なおき君のせの高さは100cmだね。

もとにする量 × 割合 ＝ くらべる量 だったね。
数直線を使って考えるとどうなるかな。

なおき君とガリバー君の関係を数直線で表してみよう

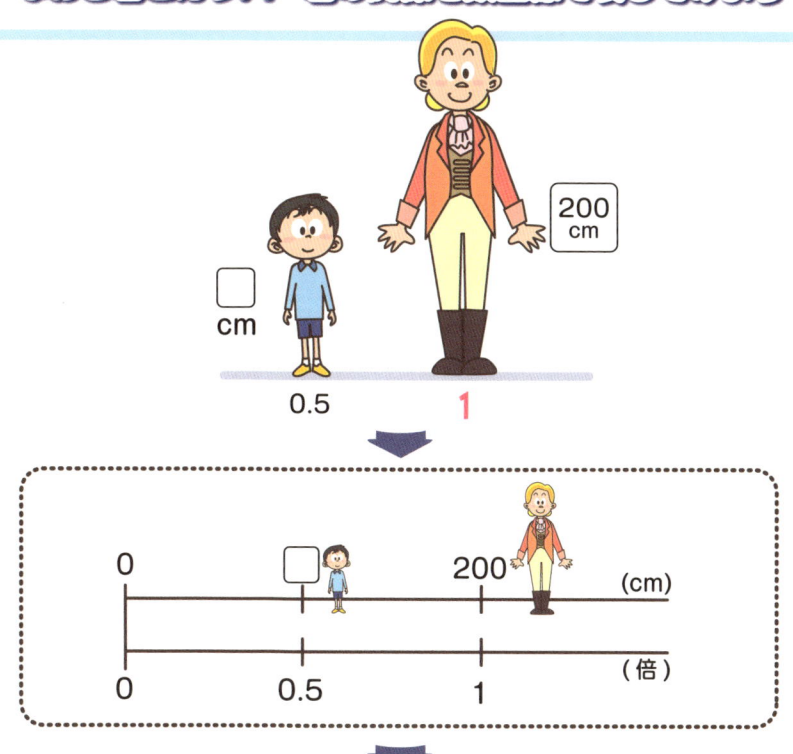

0.5　1

□に入る数の求め方を考えてみよう。

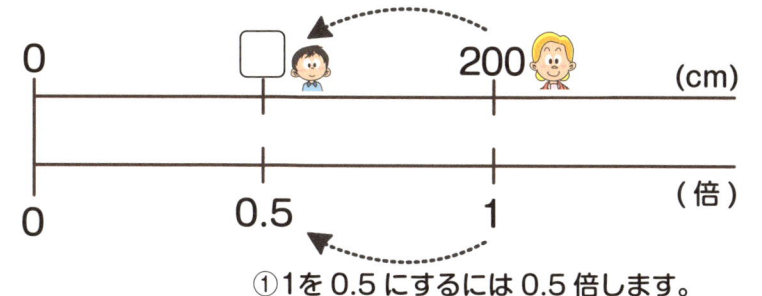

② 同じように 0.5 倍するといいね。

① 1を 0.5 にするには 0.5 倍します。

200×0.5＝100　で　100cm

ジャンプ 「もとにする量」を求める！

ガリバー君は何cmかな。

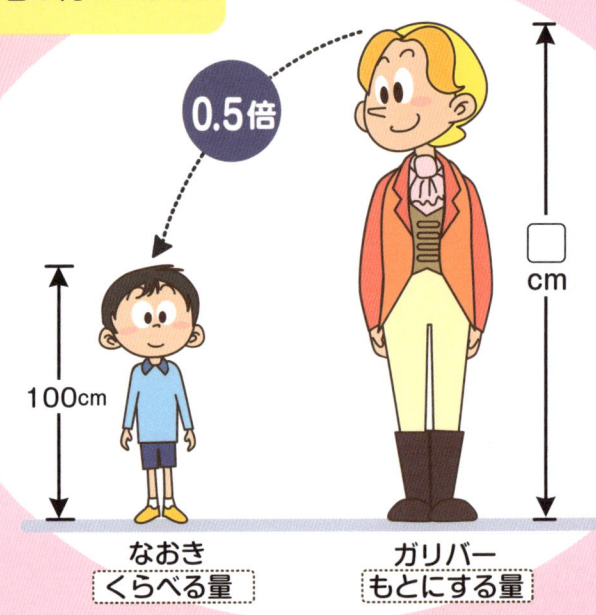

0.5倍

100cm

□cm

なおき
くらべる量

ガリバー
もとにする量

ガリバー君をもとにすると，なおき君のせの高さは
0.5倍で100cmだから
(ガリバー君のせの高さ)×0.5＝100
ガリバー君のせの高さは
100÷0.5＝200 で 200cmだね。

「もとにする量」は
もとにする量 × 割合 ＝ くらべる量 を使って
くらべる量 ÷ 割合 で求めたね。
数直線を使って考えるとどうなるかな。

なおき君とガリバー君の関係を数直線で表してみよう

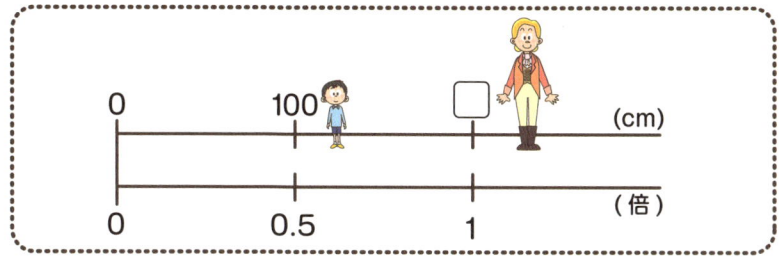

100cm

□cm

0.5　1

0　100　□　(cm)
0　0.5　1　(倍)

□に入る数の求め方を考えてみよう。

②同じように0.5倍するといいね。

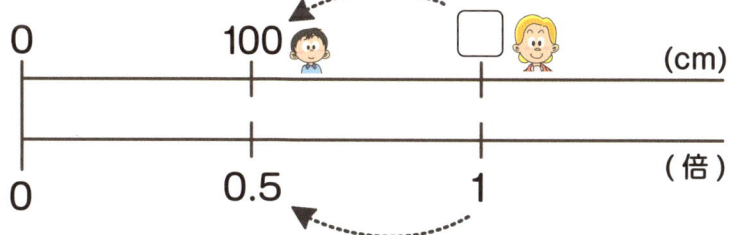

0　100　□　(cm)
0　0.5　1　(倍)

①1を0.5にするには0.5倍します。

□×0.5＝100
□を求めるには
100÷0.5＝200　で　200cm

5. 百分率(％)って何かな?

服の内側に、数字と記号がかかれたものが
ついていたよ。何を表しているんだろう？

綿　65％
ポリエステル　35％

これは、服がどんな素材で
できているかを表したものだよ。

この服は綿とポリエステルでできていることが
わかるね。％（パーセント）の数字について、どんなことに
気付くかな？

２つの数字をたしたら100になるよ！
数字が大きい綿のほうが、ポリエステルより
多く使われていると思う。

そう！つまり、全体を100としたとき、
綿とポリエステルがどれくらい使われているか
という割合を表しているんだよ。

％(パーセント)は,もとにする量を100とみたときの割合を表す記号です。割合を表す数が1のとき100％です。

％(パーセント)で表した割合を,**百分率**といいます。

これまでの割合は,もとにする量を1とみたけれど,百分率ではもとにする量を100とみるんだね。

割合	百分率
1	100％
0.5	50％
0.25	25％
0.01	1％

百分率は,小数で表した割合を整数で表せるのでわかりやすいね。

〜％(パーセント)の由来〜

％(パーセント)は数百年前,イタリア語で「per cento」(ペル チェント)と書かれていました。これは100あたりという意味です。
「cento」の部分が「c/o」と略(りゃく)され,やがて％(パーセント)の記号になったといわれています。

割合を百分率で表そう

割合で表した1は百分率で表すと100%だよ。

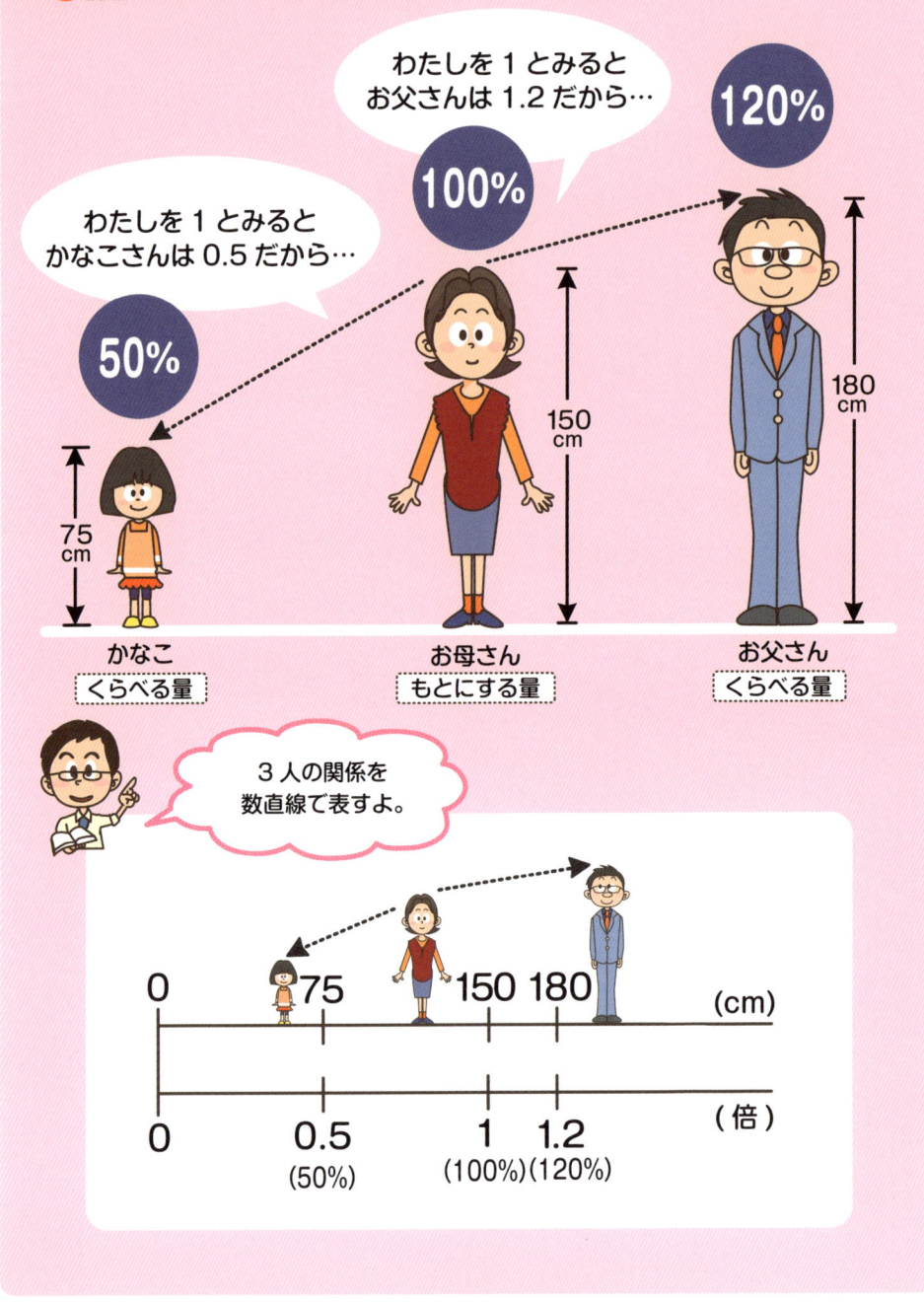

わたしを1とみると
かなこさんは0.5だから…

50%

わたしを1とみると
お父さんは1.2だから…

100%

120%

75cm
150cm
180cm

かなこ
くらべる量

お母さん
もとにする量

お父さん
くらべる量

3人の関係を
数直線で表すよ。

| 0 | 75 | 150 | 180 | (cm) |
| 0 | 0.5 (50%) | 1 (100%) | 1.2 (120%) | (倍) |

割合を百分率で求めよう

ガリバー君をもとにするとなおき君のせの高さは何%かな？

□%

200cm
100cm

ガリバー
もとにする量

なおき
くらべる量

ガリバー君をもとにすると，なおき君のせの高さは

$100 \div 200 = 0.5$ で 0.5 倍です。

百分率で考えると，1は100%なので
0.5は50%です。

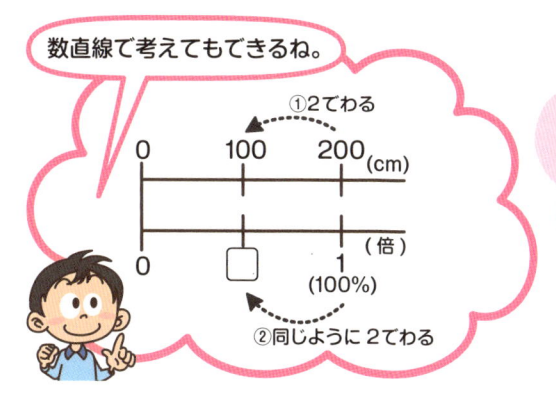

数直線で考えてもできるね。

①2でわる
0　　100　　200 (cm)

0　　□　　1 (倍)
　　　　　(100%)
②同じように2でわる

百分率はもとにする量を100とみた表し方だね。
割合の1は，百分率で表すと100%だよ。

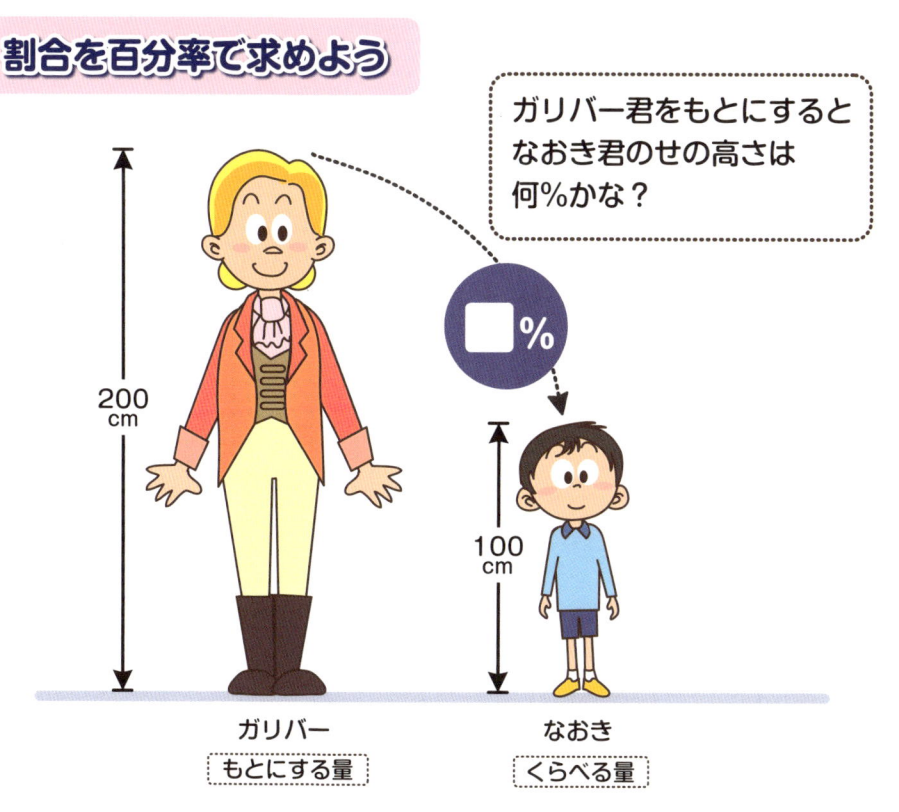

47

くらべる量を百分率を使って求めよう

ガリバー君をもとにすると，こうき君のせの高さはガリバー君の30%です。こうき君のせの高さは何cmかな？

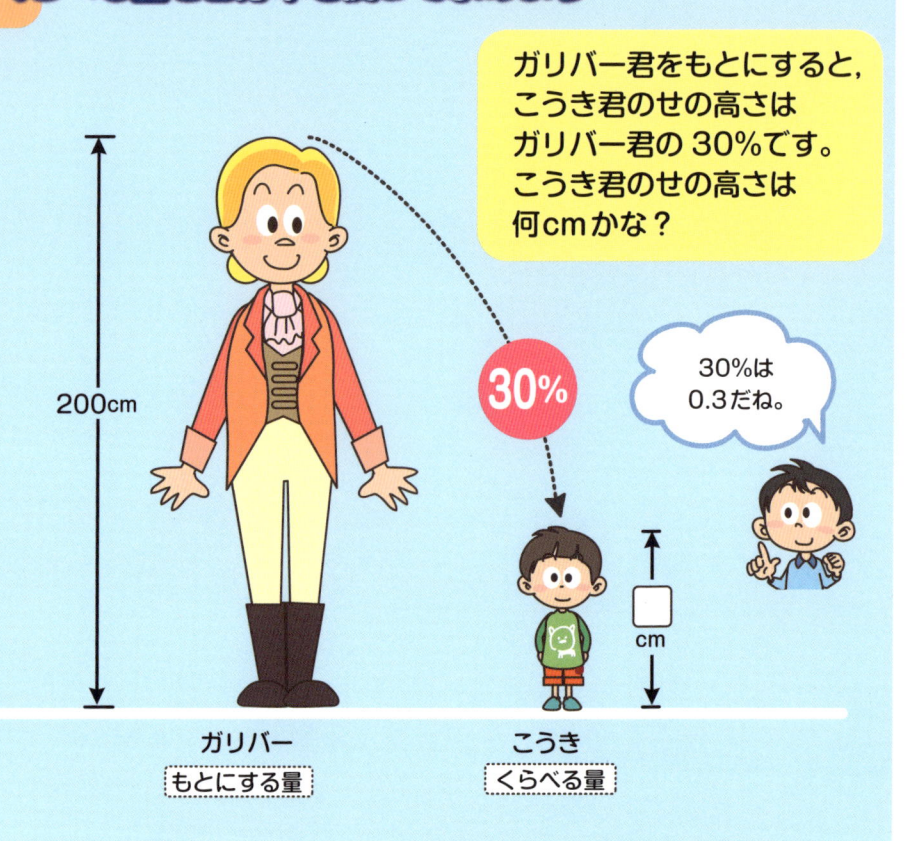

200cm

30%

30%は0.3だね。

ガリバー
もとにする量

こうき
くらべる量

ガリバー君をもとにすると，こうき君はガリバー君の0.3倍なので

$$200 \times 0.3 = 60$$ で **60cm** です。

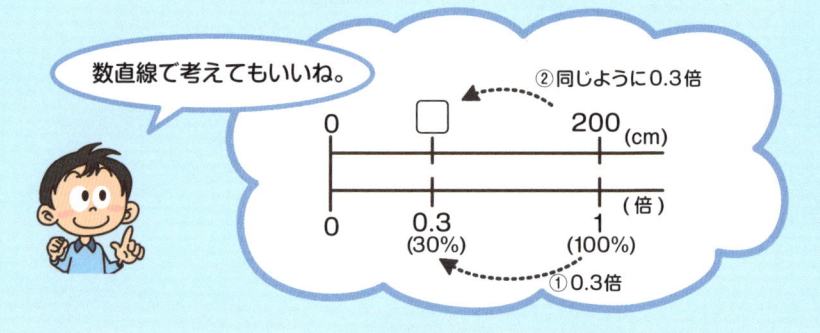

数直線で考えてもいいね。

②同じように0.3倍

0　　　□　　　200 (cm)

0　　0.3　　　1 (倍)
　　(30%)　(100%)

①0.3倍

48

もとにする量を百分率を使って求めよう

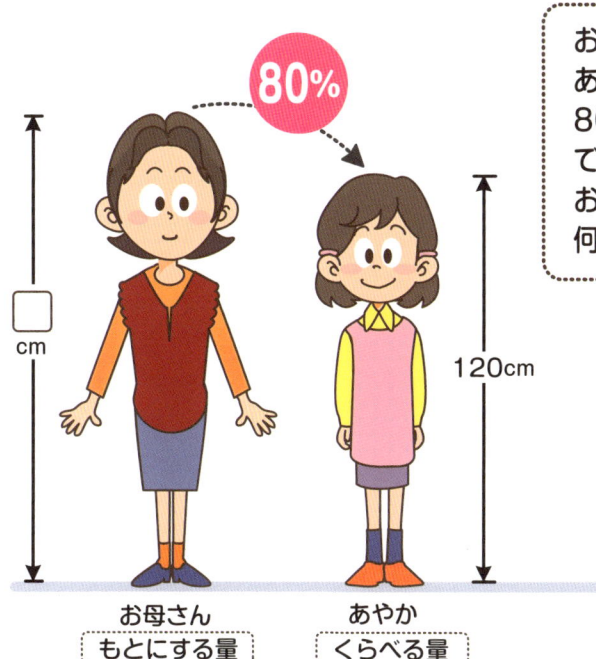

お母さんをもとにすると、あやかさんのせの高さは80％にあたる120cmです。
お母さんのせの高さは何cmかな？

80％は0.8だよ。

お母さん
もとにする量

あやか
くらべる量

お母さんのせの高さの0.8倍があやかさんのせの高さだから
（お母さんのせの高さ）×0.8＝120 です。
お母さんのせの高さは120を0.8でわって

120÷0.8＝150 で 150cm です。

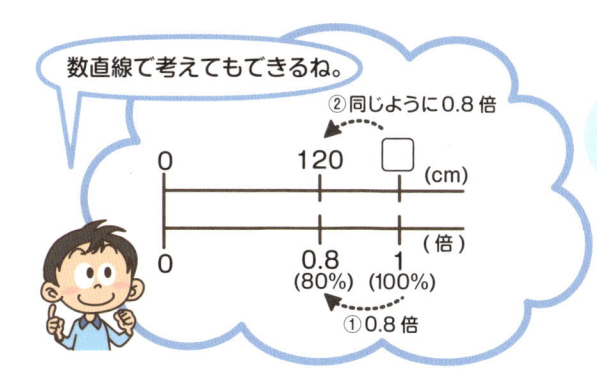

数直線で考えてもできるね。

百分率で表した割合を、整数や小数になおすと、今までと同じようにできるね。

百分率 まとめ

① なおき君はガリバー君とカレー屋さんに行きました。

(ぼく) ぼくは300gのふつうサイズを食べたいな。

(わたし) わたしは480gの大もりにするよ。

大もり 480g
ふつう 300g
小もり 200g

(a) ガリバー君は、なおき君の何倍の量を食べることになりますか。百分率で求めましょう。

(ぼくよりも多く食べるから100%をこえるね。)

〈式〉
＿＿＿＿＿＿＿＿＿＿＿＿＿＿
＿＿＿＿＿＿＿＿＿＿＿＿＿＿＿＿＿＿＿＿＿＿＿＿％

(b) なおき君は、ガリバー君の何倍の量を食べることになりますか。百分率で求めましょう。

〈式〉
＿＿＿＿＿＿＿＿＿＿＿＿＿＿＿＿＿＿＿＿＿＿＿＿＿＿＿＿＿＿＿＿％

答え

①(a) 480÷300＝1.6
(1.6は160%) **160%**

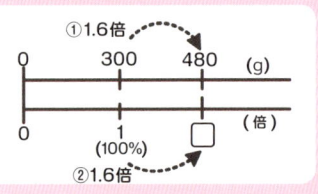

①(b) 300÷480＝0.625
(0.625は62.5%) **62.5%**

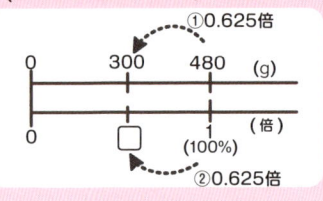

①1.6倍
0　　300　　480　(g)
0　　1　　□　(倍)
　　(100%)
②1.6倍

①0.625倍
0　　300　　480　(g)
0　　□　　1　(倍)
　　　　(100%)
②0.625倍

50

②500mLのジュースにふくまれている果じゅうは何mLですか。

500mL
果じゅう 20%

〈式〉

_____ mL

③ポテトチップスが30%増量(ぞうりょう)の104gで売られていました。
増量する前のポテトチップスの量は何gですか。

増量前の
ポテトチップス

増量後の
ポテトチップス
104g

「30%増量で104g」なので
「130%のとき104g」
ということだね。増量する前の
ポテトチップスの量は
104gより少ないね。

〈式〉

_____ _____ g

答え

② (20%は0.2)
　　500×0.2=100　100mL

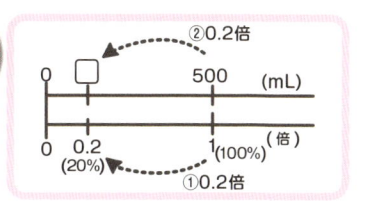

```
          ②0.2倍
0    □         500    (mL)
0   0.2         1    (倍)
   (20%)      (100%)
          ①0.2倍
```

③ (増量する前のポテトチップスの量を□gとすると)
　(130%は1.3)
　□×1.3=104
　□を求めるには 104÷1.3=80　80g

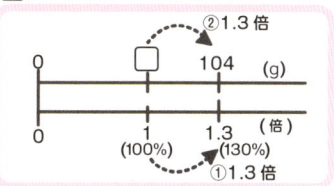

```
          ②1.3倍
0    □         104    (g)
0    1         1.3    (倍)
   (100%)    (130%)
          ①1.3倍
```

6. 歩合って何かな？

「1割」は「10%」と同じことかな。

「1割」も「10%」も、割合の0.1を表しているから同じことをいっているよ。

「%(パーセント)」はもとにする量を100とみたときの割合を表す単位でしたが、

「割」はもとにする量を10とみたときの割合を表す単位です。

割合を表す数が1のとき、10割です。

割, 分, 厘などで表した割合を、**歩合**といいます。

割合を表す数	1	0.1	0.01	0.001
百分率	100%	10%	1%	0.1%
歩合	10割	1割	1分	1厘

例えば, 割合が0.123なら, 百分率では12.3%, 歩合では1割2分3厘と表すよ。

いろいろな割合の表し方

ガリバー [もとにする量] — 200cm
- 割合 1
- 百分率 100%
- 歩合 10割

お母さん [くらべる量] — 150cm
- 割合 0.75
- 百分率 75%
- 歩合 7割5分

なおき [くらべる量] — 100cm
- 割合 0.5
- 百分率 50%
- 歩合 5割

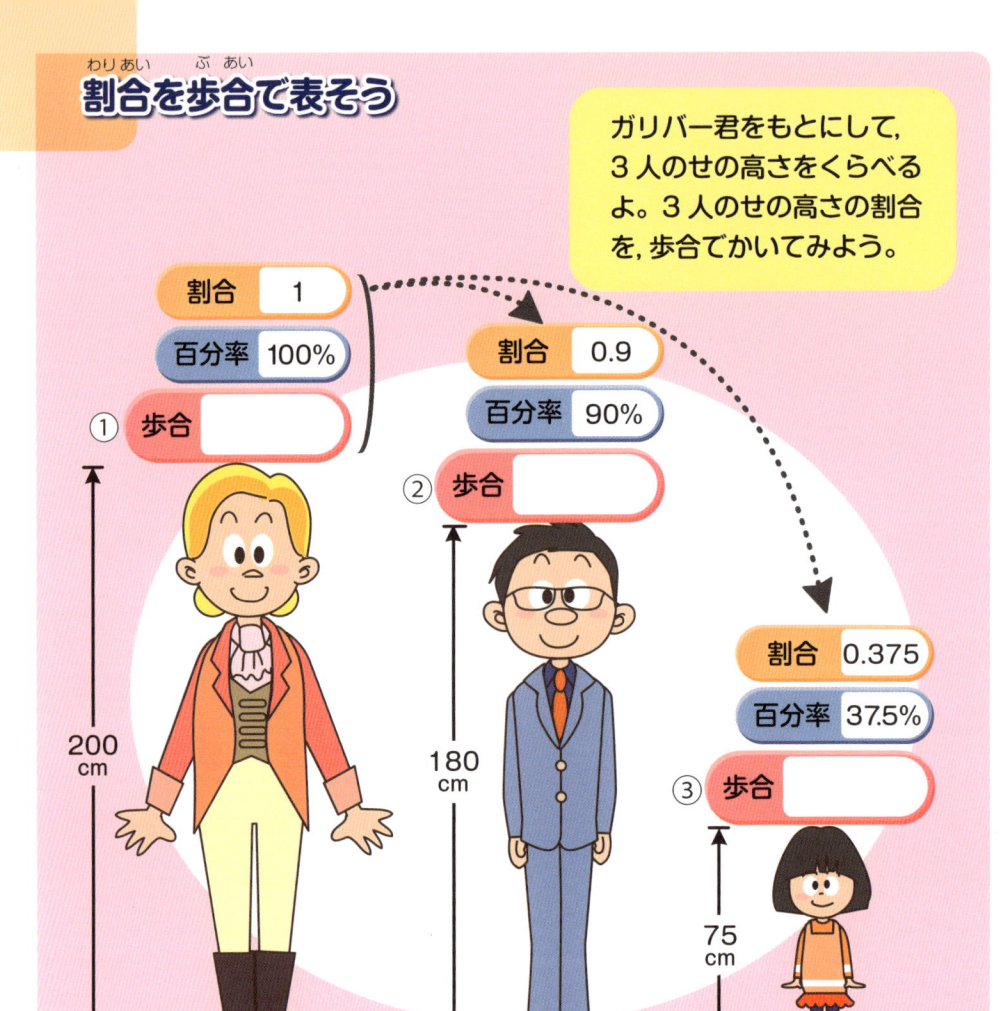

割合を歩合で表そう

ガリバー君をもとにして，3人のせの高さをくらべるよ。3人のせの高さの割合を，歩合でかいてみよう。

① 割合 1　百分率 100%　歩合 ☐

② 割合 0.9　百分率 90%　歩合 ☐

③ 割合 0.375　百分率 37.5%　歩合 ☐

ガリバー　200cm　もとにする量
お父さん　180cm　くらべる量
かなこ　75cm　くらべる量

答え ① 10割　② 9割　③ 3割7分5厘

歩合 まとめ

① ほしかった4000円のゲームソフトが安くなっている！買ってもらえるよう、たのんでみよう！

② ママー！ゲームソフト… だめよ！

③ 他のお店もさがして一番安いものを見つけてきたら考えてもいいけど。

定価が4000円のゲームソフトがA店では500円引き、B店では2割引き、C店では10%引きだったよ。どこがいちばん安いかな。

A店 500円引き
B店 2割引き
C店 10%引き

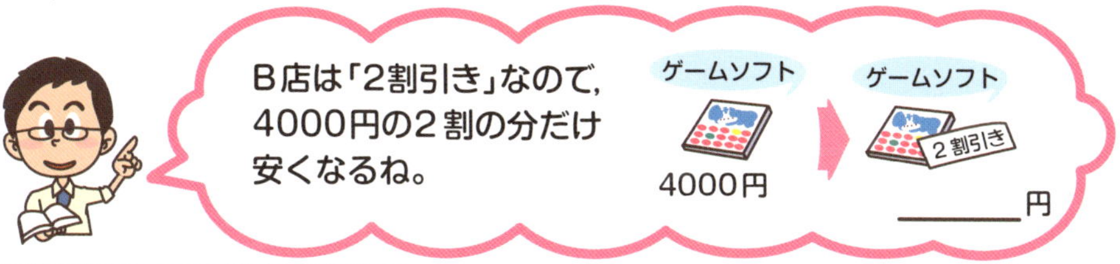

B店は「2割引き」なので、4000円の2割の分だけ安くなるね。

ゲームソフト 4000円 → ゲームソフト 2割引き _____円

答え

● A店、B店、C店のそれぞれの代金を求めます。

A店：4000−500＝3500

B店：2割引きなので
　　　4000×0.2＝800 で
　　　800円 安くなります。
　　　4000円から800円をひいて
　　　4000−800＝3200

C店：10%引きなので
　　　4000×0.1＝400 で
　　　400円安くなります。
　　　4000円から400円をひいて
　　　4000−400＝3600

<u>B店がいちばん安い。</u>

7. 生活の中にある割合を見つけよう ① 〜もとにもどるかな〜

① 「20%高く」は,1000円の20%分高くなるということです。
1000円の20%分は
1000×0.2=200 で 200円なので
1000円に200円をたします。
1000+200=1200 で 1200円だね。

別のやり方でもできるよ。
「20%高く」は100%に20%をたしたものなので
もとにする量の(1+0.2)倍になります。
1000×(1+0.2)=1200 となるね。

④ 「20%引き」は,1200円の20%分安くなるということなので 1200×0.2=240
1200円から240円をひいて
1200-240=960 で 960円だよ。

別のやり方で考えてみると
「20%引き」は100%から20%をひいたものなので
もとにする量の(1-0.2)倍になります。
1200×(1-0.2)=960 でもできるね。

もとにする量が①では1000,④では1200と
変わっているので,もとどおりにはならないね。

20%引きの
ふだは
はずして
おこうか。

20%
引き
1200円→1000円

1000円ね！
買います。

ありがとう
ございます！

57

② ～病院の3割負担（わりふたん）～

① ゴホッ ゴホッ
かぜをひいたから病院に行ってくるわ。

② 病院にて
健康保険証（けんこうほけんしょう）をおねがいします。
はい…
あ！
わすれたわ！
③

④ 本日はしんさつ代を全額（ぜんがく）おしはらいいただきます。後日，保険証をお持ちいただけたら差額分（さがくぶん）をお返しします。
わかりました…。

⑤ よく日差額分がもどってきて…。

⑥ よかったー。
健康保険制度（けんこうほけんせいど）のおかげで実際（じっさい）にはらった金額は<u>3割負担の900円</u>ですんだわ。
きのうはらった全額はいくらなの？

お母さんがきのうはらった全額を求めます。
「全額の3割が900円」なので，
（全額）×0.3＝900 です。
全額を求めるには900を0.3でわって
900÷0.3＝3000 で 3000円になります。

P28で学んだ「くらべる量」と「割合（わりあい）」から「もとにする量」を求める問題と同じだね。

答えのたしかめ 
3割
全額3000円の3割負担だから
3000×0.3＝900 で
全額は3000円であっているね。

健康保険制度
病気やケガをしたときに，医りょう費の3割の金額で医りょうを受けることができる制度のことです。※一部の例の紹介です。

健康保険証なし：全額負担
健康保険証あり：3割負担

保険制度があってよかったね。

③ 〜雨がふる可能性は？〜

土曜日か日曜日にバーベキューをするよ！
雨がふる可能性は，どちらのほうが低いかな。
降水確率の予報を見てみよう。

	1 月	2 火	3 水	4 木	5 金	6 土	7 日
降水確率	40%	70%	40%	30%	10%	40%	10%

降水確率は，その日に雨がふる可能性を百分率で表したものです。土曜日の降水確率40％というのは，同じ降水確率の日が100日あったら40日くらいは雨がふる可能性があるということです。土曜日と日曜日をくらべると，降水確率10％の日曜日のほうが，雨がふる可能性が低いと考えられます。

④ 〜「分」を使った言葉をさがそう〜

腹八分にしておきなさいね。

腹八分は，満腹（十分）より少しひかえめという意味です。
このように全体を十分とみて表す言葉は他にもあります。

七分そで
長そでより少し短い長さのそで

五分五分
2つのものに差がないこと

五分咲き
桜の木に半分くらいの花がさいている様子

8. 割合とつながりのある学習って何かな？① 　小数のわり算

0.3mで300円のテープがあります。1mのねだんはいくらになりますか。

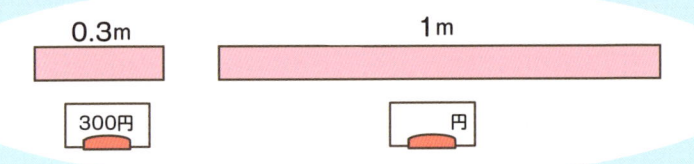

0.3mは1mをもとにすると，0.3倍にあたります。
1mのねだんを0.3倍すると300円だから
1mのねだんを□円とすると，

□×0.3＝300　です。

□を求めるには300を0.3でわればいいので

300÷0.3＝1000　で　1000円になります。

答えのたしかめ

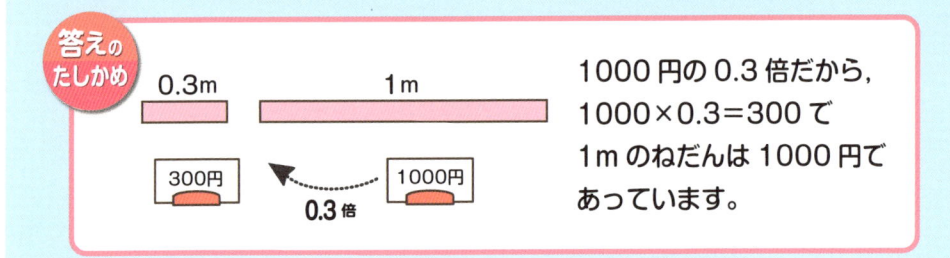

1000円の0.3倍だから，
1000×0.3＝300で
1mのねだんは1000円で
あっています。

P28で学んだ「くらべる量」と「割合」から「もとにする量」を求める問題と同じだね。次は数直線を使って考えてみよう。

0.3m　　　　　1m

300円　　　　□円

数直線で考えると

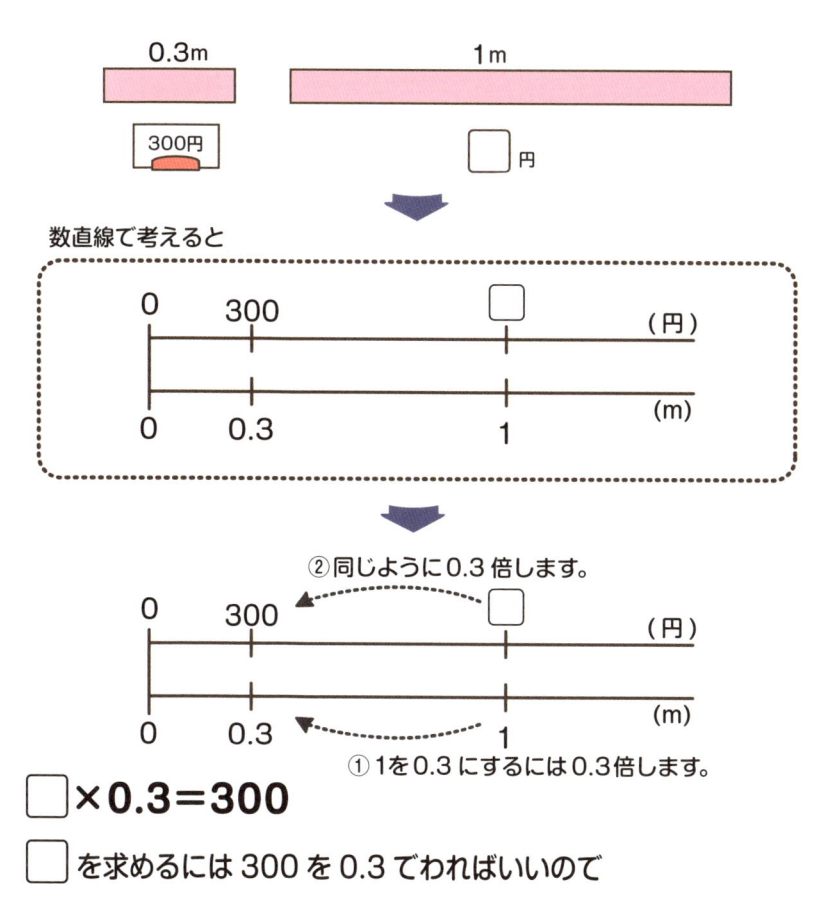

```
0    300          □
├─────┼───────────┤ （円）
├─────┼───────────┤ （m）
0    0.3          1
```

②同じように0.3倍します。

```
0    300          □
├─────┼───────────┤ （円）
├─────┼───────────┤ （m）
0    0.3          1
```

①1を0.3にするには0.3倍します。

□×0.3＝300

□を求めるには300を0.3でわればいいので

300÷0.3＝1000で 1000円になります。

下のように小数を整数になおして考えることもできるよ。

「0.3mで300円のテープ」を10倍して考えます。

0.3m　で　300円
10倍 ▼　　　　▼ **10倍**
3m　で　3000円

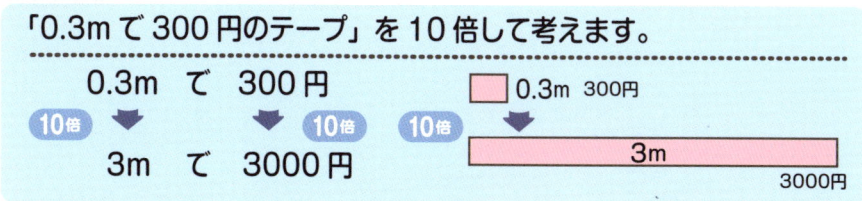

0.3m　300円
10倍 ▼
3m　3000円

1mのねだんは　3000÷3＝1000　で　1000円になります。

② 単位量あたりの大きさ

どちらの車のほうがよく走りますか。

どちらがエコカーかな？

①

A ガソリン1Lで12km走る

B ガソリン1Lで18km走る

ガソリン1Lをもとにして、走る道のりをくらべるんだね。

1L　A 12km走る
　　B 18km走る

▶ Bの車のほうがよく走る

②

C 1km走るのにガソリンを0.05L使う

D 1km走るのにガソリンを0.1L使う

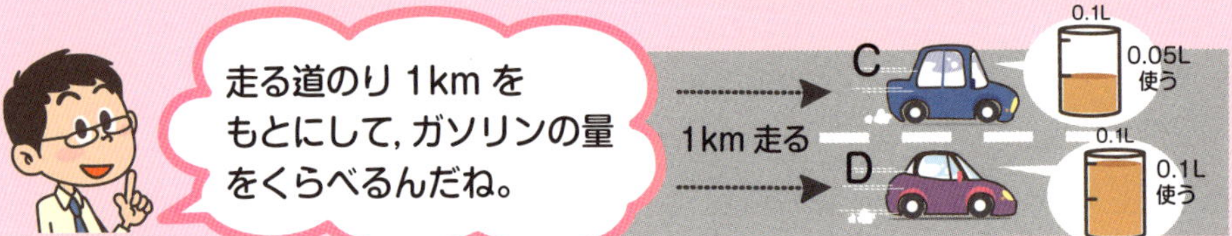

走る道のり1kmをもとにして、ガソリンの量をくらべるんだね。

1km走る　C 0.05L使う
　　　　 D 0.1L使う

Dの車のほうが数字が大きいよ。Dの車のほうがよく走るのかな。

1km走るのに使うガソリンの量でくらべているので、数が小さい車のほうがよく走るよ。

▶ Cの車のほうがよく走る

③比重

比重って何？

💡水 1cm³ の重さは 1g です。この水の重さを 1 として，他の物の 1cm³ の重さがいくつにあたるかを表した割合を比重といいます。

> 比重は金属ごとに決まっているよ。

金　属	比　重
アルミニウム	2.7
亜　鉛	7.1
鉄	7.9
銅	8.9
銀	10.5
金	19.3

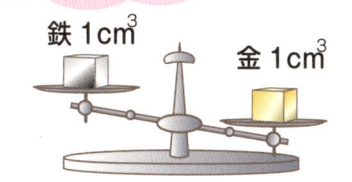

鉄 1cm³　　金 1cm³

> 1cm³ をもとにして重さをくらべると，金のほうが重いよ。
> 比重は鉄が 7.9 で金は 19.3 だよ。

> 1円玉は何の金属でできているのかな？

重さ 1g, 体積 約 0.37cm³

> 比重がわかれば何の金属でできているかわかるよ。

1円玉の 1cm³ の重さを求めます。

　1÷0.37＝2.7… で 約 2.7g なので上の表から 1 円玉はアルミニウムでできているとわかります。

> 比重については中学校の理科で学習するよ。

著者紹介

加藤　明（かとう・あきら）

兵庫県明石市に生まれる。
大阪教育大学大学院修了後、大阪府豊中市立泉丘小学校教諭、大阪教育大学教育学部附属池田小学校教諭、ノートルダム清心女子大学助教授、京都ノートルダム女子大学心理学部長・教授、兵庫教育大学大学院教授、京都光華女子大学副学長を経て2014年4月より関西福祉大学副学長・発達教育学部長に就任。同年10月より学長に就任。文部科学省中央教育審議会専門委員（教育課程企画特別部会／小学校部会）、「児童生徒の学習評価の在り方に関するワーキンググループ」委員、文部科学省検定教科書「算数」、「生活」（東京書籍）編集委員、文部省（当時）学習指導要領「生活」作成委員などを歴任。

（主な著書）

『お母さんの算数ノート』文溪堂、『改訂 実践教育評価事典』（共編著）文溪堂、『これだけは知っておきたい！「算数用語」ガイド』文溪堂、『「開く」授業の創造による授業改革からカリキュラム・マネジメントによる学校改革へ』文溪堂、『新学習指導要領をひもとく』文溪堂、『プロ教師のコンピテンシー －次世代型評価と活用－』明治図書、『教育評価事典』（共著）図書文化、『評価規準作りの基礎・基本 －学力と成長を保障する教育方法－』明治図書、『総合的な学習の基礎・基本 －評価規準による自立への挑戦－』明治図書、『現代教育評価事典』（共著）金子書房、『小学校通知票記入文例集』（共著）教育開発研究所、『算数指導入門』金子書房など多数。

絵本仕立て 割合がわかる本

2016年10月　第1刷発行
2020年 2月　第2刷発行
2023年11月　第3刷発行

編著者　加藤　明
発行者　水谷　泰三
発行所　**株式会社 文溪堂**

［東京本社］東京都文京区大塚3-16-12　〒112-8635
　　　　　　TEL 03-5976-1311(代)
［岐阜本社］岐阜県羽島市江吉良町江中7-1　〒501-6297
　　　　　　TEL 058-398-1111(代)
［大阪支社］大阪府東大阪市今米2-7-24　〒578-0903
　　　　　　TEL 072-966-2111(代)
　　　　ぶんけいホームページ　http://www.bunkei.co.jp/
印刷・製本　株式会社アーク／イラスト・DTP しみず ひろみ

©2016 Akira Kato.Printed in Japan
ISBN 978-4-7999-0185-4　C3037　64P　210mm×148mm
定価はカバーに表示してあります。
落丁本・乱丁本はお取り替えいたします。